KB239453

이 도서의 국립중앙도서관 출판시도서목록(CIP)은 서지정보유통지원시스템 홈페이지(http://seoji.nl.go.kr)와
국가자료공동목록시스템(http://www.nl.go.kr/kolisnet)에서 이용하실 수 있습니다.(CIP제어번호: CIP2013013624)

나무를 진찰하는 여자의 속삭임

오카야마 미즈호 지음
염혜은 옮김

design**house**

“안녕하세요, 제 직업은 나무의사입니다!”

이렇게 자기소개를 하면 대부분의 사람들은 “네? 나무의사가 뭐죠? 나무에게도 의사가 필요한가요?” 하면서 깜짝 놀랍니다. 이상한 표정을 지으며 눈을 깜빡거리는 사람도 있고요. 어쩌다 ‘나무의사’란 직업을 아는 사람을 만나도 의외라는 표정을 짓습니다. ‘나무의사’라 하면 저와 전혀 다른 모습의 의사, 이를테면 수염을 기른 침착한 분위기의 듬직한 남자 선생님 이미지를 떠올리는 모양입니다. 그러고는 바로, 나무에 구멍도 못 뚫게 생겼는데? 나무에 오를 수나 있나? 이런 의심의 눈초리를 보내지요. “그런 직업이 있다는 거 TV에서 본 적은 있지만 실제로는 처음 봐요.” 이런 말도 자주 듣습니다. 사실 그럴 만도 합니다. 당연한 말씀입니다. ‘나무의사’는 일본에 약 2000명 정도밖에 없는데, 그 중 여성은 일본 전국을 다 합쳐도 겨우 60여 명에 불과하니까요.

'나무의사'는 자격증이 필요한 직업입니다. 재단법인 일본녹화(綠化) 센터가 주관하는 공인시험에 합격해야만 자격증을 손에 넣을 수 있습니다. 수험자격도 따로 있는데 7년 동안 실무경험을 쌓아야 겨우 시험을 볼 수 있는 자격이 주어지지요. 초창기에는 이바라키 현 쓰쿠바시에서 합숙을 하는 것으로 시험이 시작되었다고 들었습니다. 하지만 제가 시험을 치를 당시에는 매년 1회 전국적으로 몇 개의 장소에서 필기시험이 실시되었습니다. 그렇게 필기시험으로 120명(우리가 시험 볼 당시에는 80명)을 선발합니다(최근에는 대학에서 필수과목을 이수하면 단기간에 시험을 치를 수 있는 학과도 생겼다고 합니다. 일종의 '나무의사 후보' 자격을 주는 학과라 할 수 있습니다).

이 필기시험은 나무 손질뿐만 아니라 과학이나 환경에 관한 폭넓은 지식을 가지고 있어야 하고, 소논문까지 제출해야 하는 상당히 까다로운 시험입니다. 물론 쉽게 합격하는 사람도 있겠지만 저처럼 1년 재수하는 사람도 있고 길게는 5수까지 하는 사람도 봤습니다. 하지만 어려운 만큼 업계에서는 이른바 '동경하는' 자격증이기도 합니다. 합격 후에는 이바라키현 쓰쿠바시에서 합숙생활을 합니다. 2주 동안 학교 기숙사 같은 합숙소에서 아침부터 밤까지 강의와 시험, 실습을 반복하고 마지막에 면접을 봐서 합격하면 드디어 나무의사가 되는 것입니다.

제가 평소에 가장 많이 듣는 질문은 '왜 나무의사가 되었나요?' 하는 질문입니다. '왜 스튜어디스가 되었나요?' 같은 질문보다 사람들이 훨씬 더 많이 묻는 질문이라는 것은 확실해 보입니다. 쉽고 간단하게 설명하면 아버지가 조경 일을 하셨고 할머니가 의사였기 때문에 그 영향으로 나무의사가 되었다고 정리할 수 있을 것 같습니다. 저는 어릴 적부터 생명을 구하는 할머니의 일과 자연의 풍경을 소중히 다루는 아버지의 일을 보면서 자랐습니다. 나무와 식물을 특별하게 취급해야 하는 조경디자인 일을 하면서 좀 더 나무 그 자체를 이해하는 일을 할 수는 없을까, 생각하게 되었습니다. 그러던 중 마침 나무의사 자격증이라는 게 있다는 것을 알게 되었고, 이게 바로 제가 하고 싶은 일이라는 생각에 주저 없이 시험을 봐야겠다고 결정했습니다. 어릴 때 꿈이 수의사였기에 생명을 구하는 일은 원래의 제 지향점과 맞았고, 또 나무의사라는 직업이 생명을 구하는 일과 아름다움을 디자인하는 일, 두 가지 일을 동시에 할 수 있다는 점에서 광장히 멋지게 느껴졌습니다. 이런 여러 과정을 거쳐 저는 조금은 신비스러운 직업인 나무의사가 되어 드디어 '환자'가 있는 장소로 출동하게 되었습니다.

나무에 살짝 손을 대는 순간 저는 광대한 자연과 손을 잡습니다. 하늘과 대지, 나무를 찾아 날아오는 새들, 벌레들과도 손을 잡습니다. 그렇게 손을 잡으면 상상을 초월해 아득히 먼 생명의 세계에 다다르는 느낌을 받습니다. 그럴 때마다 이런 생각이 들죠. '아아, 나무의사란 건 참 좋구나.' 사실 나무를 치료하러 왕진을 갈 때마다 오히려 제 쪽이 원기를 선물로 받고 돌아옵니다. 나무는 끝없는 생명의 에너지로 가득 차 있기 때문입니다.

여러분도 잠깐만 짬을 내서 나무에 귀를 기울여 보세요. 내 주위의 나무들이 '좀 더 가까이 와서 손을 대봐요' 하고 부드럽게 속삭이는 소리를 분명히 들을 수 있을 겁니다. 이 책이 그런 경험을 할 수 있는 계기가 되기를 바랍니다.

나무의사라는 직업에 대하여

생리생태 生理生態

나무라는 존재

사진_오야마 히로유키

움직이지 않으면서도 활동적인 나무는
얼마나 멋진 존재인가

동경의 대상 수목(樹木)형 인간

움직이지 않으면서도 활동적인 나무는
얼마나 멋진 존재인가

그가 보여 주는 삶의 방식은 동경할 수밖에 없다. 그와 함께 있으면 왠지 힘이 난다. 그뿐인가. 그 사람이 부탁한 일은 이상하게 거절할 수가 없다. 아니 오히려 기쁘게 받아들이게 된다. 그가 언제 활동을 하는지는 알 수 없다. 하지만 그는 아무렇지도 않은 얼굴로 항상 대단한 성과를 내곤 한다. 아름답고 당당하며 위엄이 있으면서도 편안함이 동시에 느껴지는 사람. 만일 그런 사람이 있다면 그게 바로 '수목형 인간'이 아닐까?

엄청난 존재감을 드러내는 수목형 인간은 자신이 직접 움직이지 않고 주위를 자신의 편으로 만들어 '활동'한다. 겉보기와는 달리 상당히 적극적인 면이 있다. 또한 '수목형 인간'이 협상의 장에 나오면 누구나 다 당연하다는 듯 협력해 준다. 이러다 '수목형 인간'이 비즈니스맨의 본보기가 될지도 모르겠다.

누구나 자신을 팔기 위해 밤낮없이 협상의 장소를 뛰어다닌다. 그리고 여기저기에 얼굴을 들이밀며 은장도를 꺼내 듯 명함을 나눠 준다. 하지만 내 명함은 결국 상대방의 명함홀더로 자리만 옮겨 가는 것뿐일지도 모른다. 게다가 상대방이 내 명함을 버린다 해도 낙엽처럼 비료가 되지도 못할 것이다. 기회는 사막에 물을 뿌린 것처럼 허무하게 눈 깜빡할 사이에 눈앞에서 사라져 간다. 지금의 자리에서 한 단계 올라가기 위해 겨우 잡은 힘 있는 사람과의 미팅자리도 거기에 집중할 수가 없어 마음만 몹시 분주하다. 순간의 신뢰를 얻을 때까지 지금까지 쌓아 놓은 것을 다 써 버려야 할 때도 있다. 경제·경영서를 한 손에 들고 매일 끊임없이 뭔가를 얻기 위한 방법을 모색하게 된다. 이것이 바로 사람이라는 동물의 슬픈 숙명이다. 식량을 얻을 때까지 계속 움직일 수밖에 없는 것이다.

그런데 그러한 세계에 스스로 움직이지 않으면서도 상대의 마음을 사로잡는 이가 있다고 가정해 보자. 그 사람은 따뜻하고 포용력이 있고 그릇이 큰 인물로, 진짜 성공이 무엇인지 알고 있는 사람일 것이다. 이런 사람이 바로 '수목형 인간'이다.

나무의 네트워크는 눈에 보이는 범위에 한정되어 있지 않다. 뿌리 주위에는 작은 토양미생물이 무수히 모여 있다. 나무는 버섯과 손을 잡고 스스로 침입할 수 없는 미세한 틈새로 버섯이 균사(菌絲, 균류의 몸을 이루는 섬세한 실 모양의 세포)를 뻗게 해 영양을 섭취한다. 여기서

016

나무 수(樹)와 나무 목(木)의 차이

수(樹)는 계속 생장(生長)하는, 즉 살아 있는 나무를 뜻한다. 잎이나 줄기로 광합성을 하고 이산화탄소를 흡수하고 물과 산소를 방출하며, 뿌리로 호흡하는 나무를 의미한다. 그에 반해 목(木)은 목재(木材)라는 단어에서 알 수 있듯이, 절단·가공된 나무를 뜻하는 것으로 광합성을 하지 않는 나무를 일컫는다.

중요한 것은 나무와 버섯은 '윈-윈(win-win)'하는 관계이므로 아무도 무리하지 않는다는 데 있다. 숲속에 있는 늙은 나무든 어린 나무든 어떤 나무도 균사 집락(集落, colony, 세균이나 곰팡이 따위의 미생물이 고체 배지에서 증식하여 생긴 집단)과 관계를 맺고 있다. 세대를 초월해 연결되어 있는 것이다. 그런 네트워크라면 누구라도 협력하는 것이 당연하다. 태연한 얼굴로 어느새 그렇게 자신을 넓혀가는 나무. 포커페이스를 유지하며 보여 주는 쿨한 모습이 정말 멋지다.

그는 경쟁에도 강하다. 부연 설명을 하자면 쓸데없는 경쟁은 하지 않는다고 표현하는 게 맞을 것이다. 햇빛을 차지하기 위한 햇빛 쟁탈전은 각각의 나무 입장에서 보면 당연히 해야 한다. 하지만 이미 수종에 따라 햇빛을 차지하기 위해 자리 잡고 있는 영역이 잘 구분되어 있다. 밝고 열린 장소에는 사방오리나무가 있고 계곡 주변에는 가래나무나 단풍나무가 있는 식이다. 나무 스스로가 자신의 개성이나 장점을 최대한으로 끌어낼 수 있는 장소를 정확히 알고 있다는 말이다. 그것은 나뭇가지만 봐도 알 수 있는데, 나뭇가지에 달린 잎 한 장 한 장 모두 햇빛을 잘 받기 위해 최선을 다한 경쟁의 결과로 만들어진 것이다. 그런 식으로 나무는 질서정연한 아름다움을 잉태하고 있다. 마치 타협을 모르는 완벽한 디자이너 같다.

나는 어디까지 내 자신에 대해 알고 있을까. 뒤죽박죽 쓸데없는 프레젠테이션만 반복하고 있는 것은 아닐까. 모든 것에 서투른 인간도 있고, 살다 보면 당연히 쓸데없는 감정을 소모하는 일도 있다. 어느 누구도 거부하지 않는 포용력을 지닌 나무의 매력을 잘 아는 것이야말로 내 자신을 잘 알 수 있는 기회를 잡게 해 줄 열쇠일지도 모르겠다.

나무는 인간에게 먹을 것을 주기도 하고, 매 순간 숨을 쉴 수 있도록 신선한 공기를 제공해 주는 등 살아 있는 것만으로도 우리에게 많은 것을 준다. 하지만 인간은 스스로 만들지 못하는 것투성이다. 나무 곁에 있으면 크나큰 안정감을 느낄 수 있고 동시에 내 안에 에너지가 가득 차오르는 것을 느낄 수 있다.

어려운 책은 일단 덮고, 나무 앞에서 심호흡을 해 보자. 머리가 맑아지는 것을 느낄 수 있을 것이다.

내 생활을 보면 애당초 남에게 주는 것보다 받는 것이 훨씬 더 많

나무의사가 알려 주는 나무 상식

수목(樹木)이란?

줄기와 뿌리가 비대해져서 질이 단단해지는 목본(木本)식물을 말한다. 다년생 식물 중 지상부분이 1년 이상 생존하는 것의 일반적 총칭으로, 교목, 관목, 상록수, 낙엽수, 침엽수, 활엽수 등으로 분류한다.

다. 나무의 관용을 따라가려면 한참 멀었다. 아니, 어림도 없다. 한편 적극적인 면을 봐도 나무처럼 스마트하지 못하다. 우왕좌왕 하는 일이 다반사다.

하지만 우리의 세포에도 식물의 잔재가 남아 있다. 생명의 근원은 다 똑같은 것이었을 테니.

그러니, 나의 세포에게 부탁해 봐야겠다.

"미토콘드리아야! 동경하는 '수목형 인간'에 조금이라도 가까워질 수 있게 도와줘!" 이렇게 말이다.

쟈쿠신(寂心) 씨의 녹나무
(구마모토, 구마모토시 기타자코마치)
구마모토현 지정 천연기념물로 높이 29미터, 둘레 13.6미터, 추정 수령 800년의 녹나무다. '가노코기 치카카즈뉴도자쿠신(鹿子木親員入道寂心)'의 묘가 있기 때문에 줄여서 '자쿠신 씨의 녹나무'라 부른다. 현재는 그 묘석의 일부가 뿌리 안에 갇혀 있다. 사진_오야마 히로유키

신비롭고 불가사의한
나무의 구조

죽어도 살아 있는 나무

나무 입장에서 보면 당연한 것이겠지만, 사람의 입장에서 나무의 구조나 활동에 대해 공부하다 보면 깜짝 놀랄 때가 한두 번이 아니다. 적극적이고 왕성하게 무성한 잎을 만드는 나무는 존재 전체가 항상 생명력으로 충만해 있는 것처럼 보인다. 하지만 알고 보면 실제로 활동하는 세포는 나무껍질 바로 안쪽뿐이고, 더 안쪽 속 나무(목부)는 죽은 조직으로 연결되어 있다. 그렇다면 '수목(樹木)'이란 건 살아있는 것일까, 죽어있는 것일까? 머리가 복잡해진다.

인간의 몸은 혈액이 몸 전체를 돌며 각 장기를 움직이고 필요 없어진 죽은 조직을 배출시키는 구조로 되어 있다. 나무도 마른 가지나 마른 잎을 떨어뜨리니까 그런 면은 비슷하다. 하지만 자신의 몸 안쪽 부분에 죽은 조직을 많이 껴안고 있다는 점에서 사람과 다르다. 예를 들면 바움쿠헨(독일 과자)에서 볼 수 있는 나뭇결 부분 같은 조직이다. 우리는 그곳을 '목부(木部)'라 부른다. 하지만 단순히 그냥 죽어 있는 게 아니라는 점이 또 수목의 대단한 점이다!

성장하면서 축적된 세포는 언젠가는 그 내측이 벗겨져 떨어진다. 끝까지 남아 있는 건 세포의 가장 바깥층을 에워싸고 있는 단단한 세포벽. 세포벽은 리그닌과 셀룰로오스 등의 탄탄한 분자구조로 이루어져 있는데 세포 블록을 계속 겹쳐 쌓아가면서 수목의 몸체를 만들어간다. 세포벽은 또한 죽은 후에도 수목의 몸을 지탱하고 수분을 유지하는 등 중요한 임무로 항상 바쁘다. 여기서 가장 중요한 건 나무는 '죽은 몸'이 있기 때문에 속에 동굴 같은 커다란 구멍이 뚫려도 생존할 수 있다는 사실이다. 만일 인간의 몸에 구멍이 뚫린다면 그런 상태로 살아 있는 건 불가능할 것이다. 아, 생각만 해도 무섭다.

나무를 잘라 보면 나이테라 부르는 섬세한 선으로 만들어진 아름다운 원들을 볼 수 있다. 침엽수의 경우, 1년 중 봄에 만들어지는 세포는 크기가 크지만 세포벽은 얇기 때문에 엷은 색을 띠게 된다. 하지만 여름에는 그것과 반대로 세포벽이 두꺼운 작은 세포가 만들어지기 때문에 색이 짙어진다. 가을과 겨울에는 나이테 만들기를 하지 않는다. 그런 생장(生長)을 계속 반복하면서 생기는 경계가 나이테가 되는 것이다. 게다가 해마다 달라지는 기후가 생장에 영향을 미치기 때문에 나이테는 똑같은 모양으로 반복되는 일 없이

목(木)
나이를 알 수 있는
녹나무의 그루터기

점점 모양이 복잡해진다. 말하자면 나이테는 계속 보고 있어도 질리지 않는 아름다운 디자인으로 만들어지는 셈이다. '아아, 올해는 날씨가 좋았으니 폭이 넓은 나이테가 생길까? 이쪽 나이테는 특히 폭이 좁은데 그때 뭔가 힘든 일이라도 있었던 걸까?' 이런 식으로 여러 가지 추측을 해 보는 것도 재미있다.

한편 죽은 나무를 가공하고 닦으면 매끄럽고 윤이 나는 목제품으로 다시 태어난다. 나뭇결이 이토록 아름다운 이유는, 나뭇결이라는 것이 나무가 자라면서 만났던 비나 바람, 빛이나 온도, 습도 등 모든 자연환경을 받아들인 나무의 성장과정을 반영하는 나무의 '앨범'과 같은 것이기 때문일지도 모르겠다.

또한 나무는 몸과 마음을 상쾌하게 씻어 주는 '향기 메시지'도 남겨 준다. 모습은 변해도 나무는 항상 우리의 오감과 이어져 있는 것이다.

왕성한 생명활동을 반복하고 있는 수목(樹木). 그 안쪽을 들여다보면 마치 퍼즐과도 같은 생명장치가 보인다. 생명을 발산시키는 방법은 한 가지만 있는 게 아니다. 그것을 알게 되면 신비로운 세계에

수(樹)
'아카사카 히카와 신사의 큰 은행나무'
(도쿄 미나토구 아카사카)
눈높이(지상 1.5m 위치에서 본 나무 높이)에서 잰 줄기 지름 약 2.4m, 줄기 둘레 약 7.5m, 추정수령 400년, 미나토구 지정 천연기념물. 공습에도 생존했다는 기록이 있는 동굴 같은 커다란 구멍을 지닌 거목이자 신목(神木)이다.

닿을 수가 있다.

살아 있으면서 자신 안에 죽어 있는 것을 품고 있는 나무의 깊고
도 넉넉한 마음 덕분에 나무는 고목이 되어갈수록 더욱 더 장엄해
지는 것인지도 모르겠다.

나무는 성별이 불분명하다?

양성구유의 매력

나무는 성별이 불분명하다?

향기롭고 그윽한 냄새가 공기 중의 습기를 타고 내 몸을 감싼다.
나도 모르게 그 향기에 취해 무의식적으로 비트적비트적 향기를
따라간다. 순간 대나무 숲 속에 은하수가 펼쳐진 줄 알았다. 커다
란 치자나무다. 은하수로 착각할 만큼 커다란 나무로 성장한 치
자나무. 이런 큰 치자나무는 평소에 굉장히 보기 어려운 것이다.
하얗고 사랑스러운 치자나무 꽃이 내 키보다도 훨씬 더 높은 곳
에서 무수하게 피어 쏟아져 내리고 있다. 낮에도 어스름한 대나무
숲 속에서 유독 그곳만 부드럽고 희미한 빛을 내뿜고 있다. 마치
노(能, 일본 전통 춤)를 보고 있는 것 같다. 그야말로 깊고 오묘한 세계
그 자체다.
꽃 앞에서 벌레와 함께 얼쩡대고 있으니 향기와 함께 이런 목소리
가 들려오는 것 같다.

"이쪽으로 오세요."

낮지도 높지도 않고 억양도 거의 없는 목소리. 하지만 부드러우면

서도 따뜻한 목소리다. 그 목소리는 남자 목소리인지 여자 목소리인지조차도 구별이 되지 않는다.

사실 나무의 모습을 봐도 구별하기 힘든 건 마찬가지다. 고목(古木)이 된 나무에 인격 비슷한 것을 느끼고 그 부름을 듣는 사람이 설마 나 하나뿐일까.

옛날이야기나 그림책 등에 등장할 법한 크고 오래된 나무는 보통 할아버지에 비유되곤 한다. 할아버지는 현명하고 온화하며 조용하다는 이미지가 있으니 고목과 비슷한 느낌일 수도 있겠지. 나도 예전에는 막연히 이렇게 생각했었다. 하지만 수목의 성질을 알게 된 후에 내 안에는 전혀 다른 모습이 떠오르게 되었다. 그것은 남자도 여자도 아닌, 양쪽의 성질을 모두 가진, 어쩌면 성을 초월한 인격이다. 그래서 큰 나무는 때로는 믿음직스럽고 매력적인 남성이 되기도 하고, 매끄러운 나무 표피를 지닌 섹시한 미인으로 보이기도 한다. 그도 그럴 것이 나무는 수놈의 기능과 암놈의 기능 모두를 갖추고 있기 때문이다. 즉 양성구유(兩性具有)인 것이다.

028 자신의 유전자와, 자신과는 다른 유전자를 합쳐 새로운 개체를

만들어 생명을 이어간다. 이것은 우리의 생명이 밟아 온 유성생식의 방법이다. 나무도 마찬가지로 역사가 오래된 나무 중에는 수나무와 암나무가 따로 있어 자손을 남기는 것이 있다. 은행나무나 버드나무 등이 그런 경우다.

우리 동물들은 옛날부터 지금까지 계속 다른 개체와의 유성생식을 계속하고 있는 반면, 언제부턴가 나무는 당당히 자신 안에 수놈과 암놈의 기능을 함께 넣어 버렸다.

아름답고 향기로운 꽃 중에는 수술과 암꽃술을 모두 갖추고 있는 것이 있다. 하지만 다른 개체와의 수분(受粉)이 우선되기 때문에, 그 기능은 마치 보험과도 같은 것으로 용의주도하고도 유연한 형태이다. 게다가 꺾꽂이나 휘묻이 같은 방식으로 자신의 세포를 그대로 복제하여 증식시키는 무성생식도 가능하기 때문에 나무는 만능선수다. 만일 나무에게 프러포즈를 받는다면 다양한 형태의 자식이 태어날 수도 있을 것이다.

나무는 조용히 남자의 역할과 여자의 역할을 모두 수행한다.

생명을 이어가는 일에는 헤아릴 수 없는 정열이 잠재되어 있다. 치자나무 고목 안에 드러나지 않게 숨어 있는 것은 무엇일까? 그것은 어쩌면 나무를 눈앞에서 보고 있는 사람의 숫자만큼이나 다양한 이미지로 나타나는 것인지도 모르겠다. 당신이 보는 것과 내가 보는 것은 분명 다를 것이다.

아무튼 나는 지금 그 고목에서 양성을 다 갖춘 존재의 요염한 매력을 강하게 느끼고 있는 중이다.

031

'시라키의 치자나무'(구마모토 다마나군 교쿠토마치 시라키)
높이 5m, 둘레 60cm, 교쿠토마치 지정 천연기념물. 개화시기 5~6월 초순. 사람 키보다 더 큰,
진귀한 치자나무 거목이다.

이 나무
사람으로 치면 어떤 사람?

"나를 나무에 비유한다면 어떤 나무일 것 같아?" 하고 사무실 사람들에게 물어봤다.

"아무래도 녹나무?"라는 대답이 돌아온다.

순간 '흐음~ 녹나무보다는 좀 더 귀여운 나무이길 바랐는데…' 하는 생각이 들었지만 냉정하게 다시 생각해 보니 '역시 그게 어울리겠군' 하고 납득하게 된다.

아시다시피 녹나무는 아름드리나무로 자라는 나무다. 여기저기에서 신목(神木)으로도 자주 쓰이는데, 나무 몸통 자체가 굵고 튼튼하며, 껍질도 두꺼운데다 비늘 같은 독특한 모양을 하고 있어 나무에 대해 잘 알지 못하는 사람도 기억하기 쉽기 때문이다. 또한 햇빛을 아주 좋아해서 가지가 사방팔방으로 쑥쑥 힘차게 뻗어 있으면서도 전체적인 모양은 둥그렇게 몸을 말고 있는 형태를 하고 있다. 장뇌(樟腦, camphor)라는 항균물질을 몸에 지니고 있어 강건하고 병충해에도 강하다. 때문에 가지치기에도 강하고 강풍이나 부후균(腐朽菌, 나무를 썩게 하는 미생물)에 대한 저항도 강해 재생력이 왕성하다. 뿌리도 굵고 깊이 뻗는 성질이 있기 때문에 상당히 열악한 요

1 '부부 녹나무'(도쿄 시부야구 요요기, 메이지신궁)
2 메이지신궁의 녹나무가 줄기와 가지들을 하늘을 향해
  죽 뻗고 있다.

건 속에서도 잘 견딘다. 잎은 비교적 두껍고 초록색도 짙은 편이지만 녹나무의 초록색은 마치 프릴(frill, 주름을 잡아 물결 모양으로 만든 옷 장식) 장식처럼 섬세한 느낌이다. 녹나무 어린잎의 아름다움에 대해 말하자면, 그 빛나는 황록색 이파리는 그 화사함에 눈이 부실 정도로 숲 전체 중에서 단연 눈에 띈다.

며칠 전에 친하게 지내는 선후배 나무의사들과 메이지신궁에 갔을 때 나눴던 대화가 떠오른다. "신전 양쪽에 녹나무를 심어 놓은 이유가 뭘까?" 하고 묻자 선배는 "아마 상록수 중에서 가장 아름답기 때문이 아닐까?"라는 대답을 했다. 새파란 하늘을 향해 긴 팔을 한껏 뻗은 녹나무의 당당한 모습은 얼마나 한가롭고 호기롭고 여유 있어 보이는가. 아마 사무실 친구는 내 외모가 아니라 내 내면을 가리켜 녹나무라고 표현할 것일 테지만, 여성에 대한 비유로는 조금 힘에 부칠 정도로 힘이 넘치는 나무라는 생각도 든다.

사실 나무와 접촉하는 일을 하는 나무의사들은 자주 이런 생각을 하면서 놀곤 한다. 나무가 가진 성질과 인간의 성격을 연결 지으면서 마음속으로 혼자 생각하면서 노는 것이다. 그날도 나무의

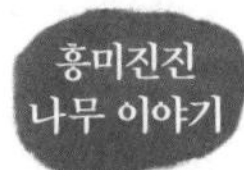

메이지신궁의 '부부 녹나무'

메이지신궁에는 1920년에 심은 녹나무가 있는데, 아름드리 거목으로 자란 이 신목은 '부부 녹나무'로 불리며 결혼이나 부부금슬, 가족화목 등의 상징으로 알려져 있다.

사인 선배와 녹지를 조사하고 있다가 단조로운 작업이 계속되면서 일의 효율성이 점점 떨어지기 시작할 즈음 이런저런 대화를 나누게 되었다. 그러다 보면 어느새 나무의 캐릭터 만들기에 열중하게 된다. 마침 우리가 작업하던 곳은 도내에 있는 녹지로 상당히 많은 수종(樹種)이 심어져 있는 장소였다. 대화의 내용은 이런 식이다.

'느티나무'는 스마트하고 술을 즐길 줄 아는 사람의 느낌. 하지만 나무 모양은 강렬한 편이니 겉보기보다 의지가 강한 사람.

'적송(赤松)'은 균류를 잘 이용한다는 점에서 협상에 능한 사람을 떠올리게 하고 외양도 아름다우니 재색겸비(才色兼備)라는 말이 생각난다. 거기에 참을성도 강하고 우는 소리도 하지 않는다. 그러니까 소나무 중에서도 '흑송(黑松, 곰솔)'이라면 다카쿠라 겐(일본의 유명 배우) 씨의 이미지. 이건 선배의 코멘트다.

'단풍나무'는 그늘에서도 아름답게 잘 자라고 주위 상황에 맞춰 가지를 뻗는다. 게다가 잎 모양의 아름다움은 다른 나무와 견줄 수 없을 정도. 말하자면 약간 수줍어하는 미인 같은 느낌이다.

'벚나무'는 아름답고 밝지만 벌레가 꼬이기 쉽고 병충해에도 약하

수호림(守護林)의 나무들

빛을 찾아 가지를 뻗고 있는 모습이 마치 사람이 손을 뻗고 있는 것처럼 보인다.

다. 말하자면 좀 몸이 약하다는 느낌이다. 접붙이기 쉬운 장미과이므로 연애사가 복잡한 사람이라는 느낌도 든다.

'매화나무'는 벚나무와 마찬가지로 장미과에 속하지만 가지치기에도 강하고 추운 계절에도 아름답게 꽃을 피우는 강한 이미지. 향기에서 풍기는 이미지대로 강하면서도 고풍스러운 미인의 이미지다.

'가시나무'(사진 1)는 음지를 좋아하는 조용한 사람. 하지만 그냥 재미없는 사람은 아니다. 귀여운 도토리를 선물할 줄 아는 발랄한 성격이니까.

'동백나무'(사진 2)도 음지에서 조용히 사는 걸 좋아하지만 개성이 강하고 가만히 있어도 눈에 띄는 타입이다. 덧붙이자면 동백꽃은 꽃이 질 때 꽃받침까지 같이 떨어진다. 이런 면을 볼 때 깔끔하고 단정한 타입의 미인을 떠오르게 한다.

'삼목나무'(사진 3)는 기질이 곧고 굽히는 걸 매우 싫어한다. 그러면서도 바람에 약하고 환경이 안 좋거나 손질이 잘 안되면 지쳐서 금방 기진해지는 면이 있으니 섬세한 타입의 사람과 닮았다.

'은행나무'(사진 4)는 눈에 띄게 수세(樹勢)도 왕성하고 힘도 좋지만 숲

039

1 가시나무 : 일본 여기저기서 볼 수 있는, 도토리로 친숙한 나무.

2 동백나무 : 야산에서 흔히 볼 수 있는 나무로 기름을 짜기도 하고 장작으로도 사용하는 등, 오래전부터 생활에 도움이 되는 꽃나무다. 소박한 아름다움을 지니고 있는 나무다.

3 다카오산의 문어 삼목나무(도쿄 하치오지시) : 뿌리가 마치 문어발처럼 약동감 넘치는 형태를 띠고 있다고 해서 붙여진 이름이다. 지금 당장이라도 뛰쳐나갈 것 같은 모습이다.

4 은행나무 꽃 : 비록 꽃잎은 없지만 그래도 그 자체로 예쁜 꽃이다.

속에서 다른 나무들과 의외로 잘 못 어울리는 타입이다. 오히려 마을에서는 완전히 절단된 참혹한 상태에서도 죽지 않고 살아 있는데 말이다. 그러니까 사람을 참 좋아하는 나무라 할 수 있다. 사실 은행나무의 친구격인 나무는 없다. 1속 1과로 고독한 인생이랄까. 하지만 그럼에도 불구하고 참 건강해 보이는 나무다.

이런 식으로 점점 주위의 나무에 대해 이러쿵저러쿵 떠들기 시작하면 어느새 숲은 북적거리기 시작한다. 잘 모르는 사람이 우리의 대화를 들으면 어딘가 좀 이상한 사람들이라 생각할지도 모르겠다.

미국 원주민 전설 중에 밤이 되면 숲 속의 나무들이 움직인다는 이야기가 있다. 어느 날 밤 숲을 어슬렁거리던 곰이 어쩌다 그 장면을 목격하게 되었다. 순간 보이면 안 되는 장면을 들켰다고 생각한 떡갈나무 왕은 그 곰의 엉덩이를 집어 하늘로 던져 버렸다. 별자리 속 곰의 엉덩이가 긴 이유는 그때 잡힌 엉덩이가 길게 늘어났기 때문이라고 한다. 굉장히 박력 있는 왕이다. 자연을 가까이 두고 사는 옛날사람들(원주민)이 나무가 움직인다고 생각한 건 어쩌면 당연한 일인지도 모르겠다.

일을 한참 하다가 "단순 작업은 참 지치지?" 이러면서 선배 나무의
사가 말을 건다. 우리는 "후후후, 아뇨, 재밌어요" 하고 의미 있는
웃음으로 답한다.

공기 중에 노출된 낙우송(落羽松) 기근(氣根)(도쿄 신주쿠, 신주쿠교엔)

낙우송. 삼목나무과의 낙엽고목수. 19세기 말 일본에서는 처음으로 신주쿠교엔(御苑, 일본 황실정원)에 심었다. 원산지(북아메리카)에서는 습지나 늪지에서 서식하기 때문에 지상에 '기근(氣根)'이라는 뿌리를 노출하여 호흡하는 것이 특징이다.

수목 보디랭귀지

나무와 말하는 법

나무의사가 되고 나서 자주 듣는 질문이 있다.

"나무와 말할 수 있나요?"

대답은 '그렇다'일 수도 있고, '그렇지 않다'일 수도 있다.

동물처럼 우는 소리가 있는 것이 아니기 때문에 다른 징조를 읽어 내지만 텔레파시를 사용하는 것은 아니다. 또한 나무에 손을 대고 '으응~ 나무의 목소리가 들린다' 이러면서 마녀 같은 퍼포먼스를 취하는 것도 물론 아니다. 사실 이런 광경은 많은 사람들이 쉽게 상상하는 광경이기도 하다.

하지만 그런 특수한 능력을 개발하지 않아도 나무에게 나타나는 현상을 그때그때 잘 살피기만 하면 된다. 나무가 알아서 표현해 주는 것을 '잘 진찰하는 것'이 나무와 커뮤니케이션 하는 것의 시작이다. 나무는 '몸 그 자체'로 말한다. 그것을 '언어'로 읽어낼 수만 있다면 '말하고 있다'고 말해도 무방할 것이다. 말하자면 우리는 귀가 아니라 '눈을 **기울여** 듣는다'는 자세로 나무와 대화를 나누고 있다. 최근 일본에서 '바우링걸(Bowlingual)'이라는, 개의 언어를 해석하는 애견통역기가 화제가 된 바 있다. 이런 기계를 만일 나무 버전으로 만든다면 '모크링걸'이라고 해야 할까?

하지만 만일 이런 기계를 통해 나무의 언어를 바로바로 들을 수 있다면 여기저기서 나무가 외치는 소리 때문에 귀가 상당히 아플 것 같다. 나는 도로변에 있는 나무를 자주 살펴보는 편인데, 굵은 뿌리가 포장도로를 들어 올리며 부서져 있는 모양을 보는 순간 '아악! 숨쉬기 힘들어! 갑갑해!' 이렇게 나무가 외치는 소리가 들리지 않겠는가(아래 사진 참조).

뿌리가 잘리면 거기에 부후균이 들어가고, 급기야 줄기까지 썩고 있는 경우엔 줄기가 주저앉아 나무껍질마저 윤기를 잃어버린다. 그런 경우에는 나무가 '얼마나 아팠다고. 지금도 몸이 막 근질근질하고 컨디션이 안 좋아' 이렇게 말하고 있는 걸 수도 있다. 또한 바람에 흔들려 수관(樹冠, 나무의 줄기와 잎이 많이 달려 있는 줄기의 윗부분)이 오므라든 형태를 한 나무에게서는 '흡!' 하고 기합을 넣고 있는 소리가 들리는 것만 같다. 굵은 줄기 아래쪽에 주름이 져 있는 경우도 그렇

굵은 뿌리가 포장도로를 들어 올리고 있다.

다. 얼마나 많이 밟히고 시달렸는지 그대로 알 수 있다. 만일 경사져 있는 반대편 나무껍질이 벗겨져 있으면 '위험하니까 내 밑으로 다가오지 않는 게 좋아' 하고 충고를 하는 것이다.

나무 한쪽 뿌리가 굵게 삐져나와 있다면, 그 모양을 통해 항상 불어오는 바람의 방향을 알 수 있다. 몇 번이나 똑같은 부분을 잘려 가지가 혹처럼 부풀어 뭉툭해져 있는 것은 '그땐 아팠지만 이젠 괜찮아' 하고 말하고 있는 것이지만, 한편으로는 점점 활기를 잃고 말라가는 것을 참고 있는 모양이기도 하다.

높은 나무 위쪽 끝에서 아래쪽까지 나무껍질이 벗겨져 나무 몸통 부분 몇 군데가 재처럼 되어 있는 걸 본 적이 있다. 이런 경우는 '얼마나 뜨거웠는지 몰라! 그리고 온몸이 엄청나게 저릿저릿했다고!' 이렇게 말하는 것으로 번개를 맞았다고 추측할 수 있다. 형태나 모양 이외에 잎의 수나 크기, 색도 '건강한지 어떤지'를 나타내준다. 가지 끝에 잎이 없으면 뿌리 쪽에 이상이 있다는 걸 알려 주는 것이다. 꽃의 수가 적으면 '빛이 더 필요해' 혹은 '꽃눈이 잘렸단 말이야' 이렇게 말하는 것일지도 모른다.

뿌리 1

지면 위에 뿌리가 돌출되어 있는 경우, 산소가 부족한 경우이니 흙으로 덮어서는 안 된다.

나무는 정직하다. 만약 '모크링걸'을 통해 나무의 목소리를 들을
수 있게 된다면 '아파하는' 나무의 이야기 때문에 항상 미안한 마
음이 들 것 같다.

하지만 때로는 기쁜 목소리가 들릴 때도 있다. 사방은 활짝 열려
있고 가지와 잎은 무성하며 아름답고 풍성하고 전체적으로 둥근
모양을 한 커다란 나무를 만났을 때의 일이다. 햇볕이 내리쬐는 언
덕진 도심 공원에 서 있는 왕벚나무를 본 순간, 나는 잠시 발을 멈
추고 대체 이게 무슨 나무인가 고개를 갸우뚱했다. 나무가 너무
나 생생하게 빛나고 있어서 순간 아무 생각도 나지 않았기 때문이
다. 보통 꽃구경을 하다 만나는 왕벚나무는 귀엽게 재잘거리는 느
낌을 주기 마련인데, 이 경우에는 오페라 가수 같은 웅장한 음성이
들리는 듯했다.

도도로키 계곡 입구에 있는 느티나무도 뿌리 밑동 부분이 약간 빈
약해 보이긴 하지만 '이얍!' 기합을 넣으며 기지개를 크게 켜고 있는
느낌이었다. 또한 지인의 정원에 있던 애기동백은 무리한 기운이나
상처 하나 없이, 자신이 듬뿍 사랑받고 있다는 기쁨을 아름답게

돌참나무의 혹 가지. 반복적으로 가지치기를 한 탓에 가지 끝
이 혹처럼 변했고, 약해진 곳에 버섯까지 붙어 썩고 있다.

핀 꽃으로 표현하고 있었다. 나무는 기쁜 일이 있으면 그것을 감추지 않고 솔직하게 그대로 드러낸다. 감사의 표시를 온몸으로 표현하는 아주 예의바른 생물이다.

나무의사 연수를 받을 때 '나무의 커뮤니케이션'에 대한 강의를 들은 적이 있다. 슬라이드 사진 몇 장을 보면서 해설을 해주는 방식이었는데 너무 내용이 흥미진진해서 눈을 뗄 수가 없었던 기억이 난다. 정말 많은 것을 배울 수 있었다. 이 수업에서 가장 마음에 남는 강사의 말은 '나무는 자신이 처한 환경에서 항상 최선을 다하고 있다'는 말이었다. 만일 우리 인간이 식물과 같은 환경이었다면 이렇게 간단한 문장으로 정리할 수 없었을 것이다. '항상, 언제나, 같은 상황에서 발버둥 쳐야 하다니, 바로 숨이 막혀 죽어 버릴 걸?' 바로 이런 불평부터 튀어나올 것이다.

나무는 너무 올곧고 정직해서 재미없을지도 모른다. 너무 착하기만 해서 지루할 수도 있다. 하지만 나무의 말을 듣다 보면 당장 옷매무시를 고쳐 진지한 자세를 갖춰야 할 것만 같은 기분이 든다. 그것이 나무의 진정성이다.

혹
방어기능을 발달시킨 상태이니 잘라내지 않는다.

나무에게 말을 건다는 건, 그 자체로 따뜻하고 행복한 일이다. 말
을 걸 때는 마음을 열고 눈을 잘 '기울인' 다음 시작하는 게 좋다.

돌참나무의 썩은 줄기. 마구잡이 가지치기로 인해 나무껍질이
벗겨지고 줄기 전체가 부후(腐朽, 세균 따위의 작용으로 나쁘
게 변한 상태)되어 '만신창이'가 된 상태다.

나무에게는 아주 중요한
흙의 세계

맛
있
는 흙

건강하고 영양이 많은 흙은 먹을 수 있다는 이야기를 들은 적이 있다. 실제로 먹어본 적은 없지만 좋은 향이나 윤기가 도는 아름다운 토양의 단면을 보고 있으면 정말로 맛있어 보인다.

나무를 진단할 때 토양진단이라는 중요한 조사가 있다. 그 조사를 하기 위해서는 깊이 1m, 가로 세로 1m의 정육면체 모양의 구멍을 뚫어서 떼어 내야 하는데 깨끗하게 잘 잘라낸 흙은 마치 층층이 스펀지 시트와 크림을 잘 겹쳐 놓은 초콜릿 케이크 같은 모양이다. 흙속에는 돌멩이 혹은 좀 더 작은 돌조각이나 나무뿌리가 들어 있는데, 그런 것들을 자주 보다 보면 점점 너트나 설탕가루 같은 식자재로 보이게 된다. 내가 먹보라서 나만 그런 걸까? 특히 부엽토를 듬뿍 함유하고 있는 삼림토양은 틀림없이 더 맛있을 것이다. 코를 가까이 대보면 좋은 향기가 얼굴 전체를 확 감싼다. 어린잎 냄새 같기도 하고 그냥 나무 냄새 같기도 하고 햇빛 냄새 같기도 하다. 손으로 만져 보면 부드러우면서도 약간의 습기가 느껴질 정도의 질감을 하고 있어 딱 기분 좋은 감촉이다. 이렇게 질 좋은 흙이라면 나무가 많은 뿌리를 생장시키는 데에도 아주 좋은 조건일 것이다. 그리고 이러한 흙은 일류 장인의 손에서 탄생하기도 한다.

언뜻 보면 조용하기 그지없는 흙이지만 그 속은 엄청나게 분주한 주방과도 같다. 지렁이에 진드기, 톡토기는 물론, 더 작은 균이나 박테리아 등의 토양미생물까지 모두 바쁘게 움직이고 있는 것이다. 그들은 식물이 썩은 잔해를 먹거나 죽은 동물의 뼈를 부수고 간 것을 계속 먹으면서 포슬포슬하고 맛있는 흙 알갱이를 만들어 간다.

이렇게 만들어진 맛있는 흙의 영양분은 나무를 건강하게 만들고, 또한 다시 나무가 죽어서 썩으면 토양미생물들의 영양분이 된다. 서로에게 도움이 되는 아주 좋은 관계다.

이렇게나 맛있어 보이는 흙. 동참하고 싶은 마음은 굴뚝같으나 우리 같은 동물은 무기물이 된 것을 직접 먹을 수는 없다. 하지만 비록 직접 섭취하지는 않더라도, 흙은 그 모습을 바꿔 우리 입으로 제대로 전달되고 있다.

규슈 고코노에에 있는 구로다케산에 올라갔을 때의 일이다. 산기슭에 용천수(湧泉水, 지하에서 물이 흐르는 층을 따라 이동하던 지하수가 암석이나 지층의 틈을 통해 지표면으로 솟아나온 것)가 솟아오르는 곳이 있었다. 깊은 산

건강하고 영양이 많은 흙은 먹을 수 있다. 사진은 간토지방의 풍화 퇴적토

속 약수는 원래 최고의 맛을 자랑한다. 게다가 그곳의 물은 '이거 샴페인 아냐?'라는 생각이 들 정도로 그 거품이 일품이다. 결코 혀를 심하게 자극하지도 않으면서도 입속에서 녹듯이 보글거리는 기포의 감촉을 충분히 즐길 수가 있다. 먹어 보고 정말 깜짝 놀랐다. 그 물은 원시림에 내린 비가 토양에 스며들어 천천히 시간을 보내고 흙의 층층을 여행해 올라온 물이다. 그렇다. 그 흙 속에는 수많은 미생물이 살고 있어서 미생물의 호흡으로 배출되는 이산화탄소가 기포가 되어 함께 올라온 것이다. 이것이 바로 천연탄산수다.

사실 와인도 그렇다. 층층으로 쌓인 흙에 의해 복잡한 맛을 만들어내는 것이다. 단맛이 있는 토마토나 채소, 과일도 모두 이 흙 맛이 남아 있는 것이다.

하지만 도시나 그 밖의 많은 장소에서는 이런 자연의 혜택을 받지 못한 조건의 토양이 더 많다. 철썩 들러붙어 무거운 덩어리가 된 것, 입자가 너무 고와 서로 엉겨 붙은 것, 토양을 단면으로 잘라 보면 층은 없고 건설 잔토로 메워져 있는 것, 심지어 그 안이 콘크리트 잔해로 가득 차 있는 것도 있다. 또한 도시의 가게 인테리어

흙

토양조사, 즉 흙속 상태를 진단해 나무의 건강상태를 알 수 있다.

를 할 때 콘크리트를 잘게 분쇄한 돌가루를 많이 사용하는데 그것들은 강한 알칼리성을 띠기 때문에 식물에게는 그다지 반갑지 않은 존재다. 그리고 그런 것들이 섞인 흙은 부식을 가리키는 갈색이 아니라 적색을 띄고 있거나 심한 것은 잿빛, 청색까지 띄고 있다. 향기가 없는 것은 물론이고 오히려 악취가 나서 코를 가까이 댈 수 없을 정도다. 흙은 무기물이니 다 똑같을 거라 생각하면 커다란 오산이다.

그럼 어째서 이렇게나 많이 다른 걸까. 일단은 역시 그런 흙은 아무도 먹으러 오지 않기 때문이다. 아무도 살지 않는 흙이라는 뜻이다. 따라서 흙이 다시 맛있는 상태로 돌아가는 것도 진행되지 않는다. 뭉쳐서 굳어 있으면 공기가 들어갈 수 없다. 따라서 식물의 뿌리도 성장할 수 없다. 호흡도 할 수 없다. 토양미생물도 살 수가 없다. 이런 것들이 계속 악순환 되는 것이다. 식사는 생명의 원천인데 이래서는 나무가 너무 불쌍하다. 가능하면 좀 더 좋은 가까운 곳에 맛있는 흙이 더 많이 있었으면 좋겠다.

그런데 사실 가장 열심히 흙을 맛있게 만드는 것은 다른 누구도

가로수 은행나무의 뿌리
잘린 흔적이 있는 등, 과거의 이력을 알 수 있다.

아닌 나무 자신이다. 나무는 나뭇가지와 잎을 떨어뜨려 식량을 자급하고, 뿌리를 성장시켜 흙을 고르게 하고 부드럽게 만든다. 정말 훌륭한 요리사다. 사람과 나무는 각각 흙을 먹는 방법은 다르지만 맛있는 흙은 역시 누구에게나 다 맛있는 법이다.

**나무의사가 알려 주는
나무 상식**

뿌리 2
소중한 뿌리의 역할
뿌리 끝은 나무 몸통을 지탱하는 '발'과 같은 것이다. 또한 미세한 뿌리 끝은 영양분이나 수분을 흡수하여 나무의 몸통으로 보내는 '입'이기도 하고 산소를 취해 호흡하는 '코'이기도 하다.

봄을 알리는 산뜻한 꽃향기

매화나무 고목

봄을 알리는 산뜻한 꽃향기

가지치기 방식에 따라 개화하는 꽃의 숫자가 좌우되는 매화

아직 매서운 추위가 계속되는 계절이지만 차가운 바람 속에서 새콤달콤한 향기가 느껴진다. '혹시 매화가 핀 걸까? 조금만 있으면 봄이 오겠구나.' 매년 안심하게 되는 순간이다.

매화의 원산지는 중국이다. 수나라인지 당나라인지 사신이 가지고 왔다고 전해진다. 지금은 일본의 대표적인 수목으로 종수만 해도 200~300종이나 된다.

도쿄 오타구에 있는 이케가미 매화동산에는 나지막한 언덕 두 면에 희고 붉은 색색의 매화가 가득 피어 있어 주변의 공기까지 연분홍색으로 물들이는 것 같은 착각마저 들게 한다. 내 고향집이 있는 구마모토에도 예전에 수령 300년 정도 된 매화나무 고목이 있었는데 다 쓰러져 가는 줄기에 사랑스럽고도 자그마한 꽃이 대조적으로 피어나 매우 운치가 있었다.

매화는 가지치기 방법에 따라 꽃이 많이 달리기도 하고 적게 달리기도 한다. 여름부터 가을에 걸쳐 꽃눈이 형성되기 때문에 이 시기에 가지를 잘라 버리면 꽃의 개수가 감소한다. 보통 꽃눈은 짧은 가지에 생기기 때문에 짧은 가지를 늘리기 위해 가지치기를 한다.

이때 길게 뻗은 가지 밑 부분에 있는 2~3개의 꽃눈을 남기고 자르면 좋다. 12월 후반부터 2월까지는 꽃눈이 붙어 있기 때문에 자르는 위치를 파악하기가 한결 수월하다.

매화는 깍지벌레나 진딧물 등이 생기기 쉽다. 새로운 가지 끝에 생긴 진딧물은 가지치기를 할 때 같이 떨어뜨리고 겨울에 기계유유제(機械油乳劑, 깍지벌레 등의 방제용으로 사용되는 독성이 적은 약제) 등을 살포하면 좋다.

오래된 가지에 이끼 같은 것이 붙는 경우가 있다. 그건 보통 '매화이끼'라는 지의류로, 실은 이끼가 아니라 균류다. 나무를 극단적으로 약하게 하지는 않지만, 성장이 늦어지면 발생한다. 다만 균류는 대기오염에 약하기 때문에, 균류가 생기면 반대로 공기가 깨끗하다는 증거로 볼 수도 있다. 무리하게 떼어내지 말고 유기질 비료를 1월 즈음에 듬뿍 주면 나무는 금방 기운을 차릴 것이다.

몇 년 전에 고향집의 매화나무 고목이 커다란 소리를 내며 주저앉았다. 하지만 무너진 줄기 속에서 가지가 지면에 뿌리를 내려 성장하고 있다. 몇 번이나 새로 태어나는 나무의 신비로운 생명력과 봄을 부르는 꽃의 싱그러움이 겹쳐지면서 내 가슴이 뜨거워졌다.

〈구마모토일일신문〉 2009. 2. 27.

주위의 공기까지 연분홍색으로 물들일 기세로 이케가미 매화공원에 흐드러지게 핀 매화

봄의 숨결을 전하다

백목련

햇빛을 듬뿍 받아 새하얗게 빛나는 백목련꽃

마치 눈(雪)으로 곱게 화장을 한 듯 새하얗게 빛나는 꽃잎을 달고 있는 백목련. 내가 가장 좋아하는 꽃 중 하나다.

백목련(辛夷)이나 목련, 태산목 등을 총칭하여 영어로 '매그놀리아 (Magnolia)'라고 한다. 그 이름은 마치 귀부인을 떠올리게 하는 울림이 있는데 풍부하고 은은한 향기도 매혹적이다. 일본식 정원에는 물론 서양건축물에도 상징나무(symbol tree)로 아주 잘 어울린다.

목련은 아름드리나무로 자라는 꽃나무이기 때문에 심을 땐 충분한 공간을 확보하고 심어야 한다. 햇볕이 잘 들어야 하는 것은 당연하고 물도 좋아하기 때문에 뿌리 끝이 건조해지지 않도록 주의해야 한다. 토양의 물이 잘 빠져야 하는 것은 기본이다. 목련 아래서 자라는 풀꽃과의 조합도 잘 생각해서 심도록 하자.

백목련의 특징인 새하얀 나무줄기를 즐기기 위해서는 가지치기에도 신경을 써야 한다. 작년에 자란 가지 끝에 꽃을 피우기 때문에 7~8월에 싹튼 눈꽃을 잘라내지 않도록 주의하고 8월 이후에는 가지치기를 피하는 것이 좋다. 또한 바람이 잘 통하지 않는 곳에서는 깍지벌레가 잘 생긴다는 사실에 주의하자! 이 벌레가 성충이 되면 구제하기가 매우 어렵다. 약은 겨울에 석탄유황합재나 기계유 유제(p60 참조)를 살포하면 좋다. 같은 시기에 유기질 비료도 듬뿍 주도록 하자. 꽃이나 이파리가 많이 떨어지면 보기도 안 좋고 신경도 쓰이는 법이다. 그럴 경우엔 꽃이 지기 바로 직전에 가지치기를 해도 좋다.

인간을 즐겁게 해줄 뿐만 아니라 봄의 숨결도 전해주는 백목련. 나는 이 계절이 되면 항상 가슴 두근거리는 소리를 들으며 사용하는 목욕매트를 하나 가지고 있다. 우아한 매그놀리아 문양이 그려져 있는 목욕매트다. 목욕매트로는 드문 문양인데 정말 내 마음에 쏙 든다.

매그놀리아에는 동서양 구별 없이 기품 있는 아름다움이 깃들어 있다. 잠시 동안 나무줄기 밑에서 위를 쳐다보고 있자니 그만 '나도 저런 사람이 되어야지' 하는 생각에 등줄기를 쭉 펴게 된다.

<구마모토일일신문> 2009. 3. 27.

일본식 정원에도 서양식 건물에도 다 잘 어울리는 백목련 나무

하늘 가득한 별모양 철쭉

방울철쭉

종을 거꾸로 뒤집은 것 같은 모양의 귀여운 꽃을 가득 달고 있다.

도시의 빌딩숲 한가운데서 생각지도 못한 모습의 나무를 만났다. 사랑스러운 은방울꽃을 떠올리게 하는 꽃을 단 방울철쭉이다. 평상시에 흔히 볼 수 있는 방울철쭉은 항상 낮은 키로 잘 손질되어 있어 작고 야무진 모습이지만, 이 방울철쭉은 내 키보다도 크게 자연 그대로의 모습으로 자라 있다. 실개천이 흐르는 모리정원(도쿄 미나토구 롯폰기) 안에서 이 방울철쭉나무를 마주하는 순간, 나는 잡목림 속에 들어온 것 같은 착각에 빠졌다.

정원용 나무 중에서도 귀하게 취급되는 키 작은 나무가 이처럼 크게 자라서 자연스러운 나무형태를 이루고 있는 것이 제법 볼 만하다.

종을 거꾸로 든 것 같은 모습의 꽃을 이렇게 많이 달기 위해서는, 6월까지 가지치기를 끝내야 한다. 사실 가지치기를 하지 않아도 꽃이 잘 달리는 편이기 때문에 심은 장소나 목적에 맞게 융통성 있게 가지를 잘라주는 게 좋다. 반대로 가지치기에 강한 나무의 성질을 살려, 울타리로 활용해도 유용하다. 간토지방에서는 방울철쭉 울타리를 많이 볼 수 있는데, 처음 봤을 때는 굉장히 신기했었다. 게다가 이 방울철쭉 울타리는 적당하게 속이 비치기 때문에 운치도 있다.

건조한 날씨에는 약한 편이기 때문에 여름에 물을 줄 때 듬뿍 충분히 주어야 한다. 충분히 수분을 섭취하고 햇볕이 잘 드는 비옥한 토양에서 건강하게 자라면 가을에는 잎이 선명한 붉은색으로 변해 단풍도 즐길 수 있다.

6~10월에는 차잎말이나방이나 각지벌레가 생기기 쉽다. 하늘소 애벌레에도 주의하자. 새싹이 돋는 시기를 피해 살충제를 살포하면 좋다.

2월과 9월에는 질소가 적게 든 비료를 주는데 9월에는 소량으로도 충분하니 주의해서 주어야 한다. 질소분이 많으면 잎이 너무 무성하게 자라기 때문이다.

방울철쭉을 한자로 쓰면 '만천성척촉(滿天星躑, 하늘 가득한 별모양 철쭉)'인데 주머니 모양의 작은 꽃이 별처럼 보인다고 해서 붙여진 이름이다. 다소 시끄러운 장소인 롯폰기에 위치해 있는 탓일까. 작은 종을 단 요정들이 일제히 재잘거리고 있는 듯 보인다.

<구마모토일일신문> 2009. 4. 24.

사람 키보다도 더 크게 자연 그대로의 모습으로 자란 모리정원의 방울철쭉

나무의사에 대해 알고 싶은 모든 것

나무의사樹木醫란?

산림청 사업으로 시작한 제도로 (재)일본녹화센터가 공인하는 수목(樹木), 수목 보호·보전 전문가입니다. 현재 일본에는 약 2000명의 나무의사가 있으며, 그중 여성은 약 3% 정도 있습니다(2010년 (재)일본녹화센터 조사 자료).

나무의사가 하는 일은?

주로 환경부, 국토교통부, 문화부, 지방자치단체 등에서 발주를 받아 아래와 같은 일을 합니다.

다양한 곳에 도움을 주는 나무의사의 일

큰 나무·유명한 나무의 진단치료 + 가로수의 진단치료 + 기념수의 진단치료

↓

· 자연보존사업   · 개인 저택 정원 설계   · 경관보존사업   · 환경교육

나무의사가 되려면?

(재)일본녹화센터에서 매년 시행하는 나무의사 자격심사를 받고 그 후 이바라키현 쓰쿠바시에서 연수를 한 후, 시험에 합격을 하면 나무의사 자격을 획득하게 됩니다. 수험자격을 얻기 위해서는 7년간의 실무경험이 필요하기 때문에 조경, 임업, 행정 관련 직장에서 삼림보호에 관련된 일을 해야 합니다. 최근에는 대학에서 전문 과정을 이수하면 실무경험 필수 기간을 줄여주는 '나무의사 후보' 자격이 적용되는 곳도 있습니다.

나무의사의 활동

나무의사는 '지구온난화방지, 지속가능한 사회의 실현, 우리의 풍요로운 자연을 미래에 계승하고 물려주기 위하여' 등의 목표를 이루기 위해 아래와 같은 여러 가지 활동을 개발해 실시하고 있습니다.

- 마을 만들기 어드바이저 - 구마모토 다마나시(사진 1)
- 어린이 나무박사 - 구마모토 다마나시 초등학교 교육 프로그램(사진 2)
- 나무 세미나 진행 - 전국 각지에서 실시
- '아카사카 여자의 힘 업 프로젝트' 환경강좌 : '나무의사와 함께 걷는 아카사카 산책' 행사 - 주최 : KOFU, 협찬 : 플러스주식회사 쇼룸+PLUS(사진 3)
- 그 외 〈구마모토일일신문〉사 에코모션 캠페인(좌담회), 네이처 게임(p172~173 참조)

나무를 진찰하다 듣다

진단치료 1

팽나무랑 놀다

어린이들과 소통하며 나무보호

진단치료 1

'꺄아! 와아!' '이쪽이야, 이쪽!' '그거, 그거!' 톤이 높은 귀여운 목소리가 파란 하늘 아래에 청명하게 울린다. 아이들이 재잘대는 소리에 팽나무 잎이 살랑살랑 흔들린다.

작고 보드라운 손이 나이 든 나무의 몸에 끊임없이 와서 닿는다. 팽나무는 분명 조금은 간지러웠을지도 모르겠다. 그 커다란 몸에 빙그레 흐뭇하게 웃는 입모양이 그려지는 것만 같다. 아이들을 지켜보는 온화한 눈빛도 어렴풋이 보이는 것처럼 느껴진다. 나도 덩달아 미소 짓게 되는 광경이다.

이곳은 한 초등학교 교정 안이다. 팽나무 고목과 미끄럼틀 등의 놀이기구가 인접해 있어, 초등학교 교정에서 가장 인기 있는 놀이터가 됐다. 일흔 살이 넘은 이 팽나무는 자연으로 둘러싸인 이 초등학교를 졸업하는 아이들을 계속해서 지켜보고 있다. 나무는 지금 미끄럼틀을 타는 저 아이의 아버지나 어머니, 혹은 할아버지나 할머니까지 다 알고 있다.

다들 사랑스럽고 반짝반짝 빛나는 얼굴로 팽나무와 대화를 나눴겠지. 그런 식으로 아이들과 멋진 시간을 보낸 팽나무는, 이 초등

미도리초등학교의 팽나무 보호(구마모토 다마나군 나고미마치)

학교의 명실상부한 수호나무다.

하지만 이 팽나무가 요즘 기력이 없고 가지나 이파리 수가 현저히 줄어들어 학부형들의 걱정을 사고 있다고 한다. 대체 무슨 일이 일어난 걸까.

내가 방문했을 때 이 팽나무는 확실히 상당히 약해진 상태였다. 큰 가지들이 마르고 버섯이 붙어 있었다. 줄기(몸통)의 색도 좋지 않고 윤기도 없었다. '아마도 이대로 두면 계속 쇠약해지겠구나.' 그렇게 예상하는 것이 당연한 상태였다. 나무의 생명 사이클은 우리 인간들보다 훨씬 더 길다. 따라서 그 변화를 눈치 채기 어렵고 눈치를 챘을 때는 이미 그 상태가 상당히 악화되어 있을 때가 많다. 이 팽나무도 그런 상태였다.

나무의사의 일 중에는 나무를 진단하고 치료하는 것 이외에 또 하나 중요한 일이 존재한다. 나무가 병든 원인을 알려 주는 일이다. 하지만 보통 그 원인이 사람의 행동에 따른 것이 많기 때문에 전달하기가 참 힘들다. 나무를 소중하게 생각하는 마음과는 별개로, 나무를 아무리 사랑하더라도 나무의 구조를 잘 알지 못하고 손을 대기 때문에 나무에게 좋지 않은 결과를 일으키는 경우가 많기 때문이다. 팽나무의 경우도 마찬가지였다.

학교의 상징인 이 팽나무 주변에는 디귿(ㄷ) 자 모양의 놀이기구가 설치되어 있었다. 학교부지에 한계가 있기 때문에 부지 조건으로 봐서는 어쩔 수 없는 선택이었을 것이다. 문제는 그 공사 때문에 굵은 뿌리부분이 절단되거나 상처를 입었다는 점이다. 더욱이 토양조사를 해보니 학교 운동장이 버석버석한 산모래로 덮여 있다는 것을 알 수 있었다. 예전에 비해 60cm 정도 부지가 높아져 있었다. 결국 뿌리 쪽에 모래흙이 덮여 있다는 말이다.

옮겨 심을 만한 장소도 없을뿐더러 그러기엔 나무가 너무 약했다. 또한 이곳은 아이들에게는 중요한 놀이터라 놀이기구를 없앨 수도 없는 일이다. 출장 나무의사인 나로선 이러지도 저러지도 못하는 곤란한 상태였다.

보통 천연기념물이나 귀중한 나무를 보호하기 위한 조치의 사례를 보면, 이런 경우 거의 치료 후에 보호울타리를 둘러 나무에 아무도 접근하지 못하게 한다. 뿌리 끝을 밟아 흙이 굳어 버리면 나무가

높은 곳에서 작업할 수 있는
차에 올라 썩은 팽나무 가지 치료

다시 약해지기 때문이다.

그 순간 한 나무의사 선배랑 나눴던 대화가 생각났다.

"사실 그렇게 울타리를 많이 쳐서 사람을 다가오지 못하게 할 필요는 없어. 사람들은 그저 잠깐씩 다가오는 것뿐이고, 또 나무를 소중히 여기는 사람들의 마음이 나무들한테도 전해지거든. 나무도 아이들을 그대로 받아들여 줄 거야."

맞아. 나도 그렇게 생각한다. 팽나무가 지금까지 건강하게 잘 살아온 것은 아이들의 순수한 에너지가 있었기 때문일지도 모른다. 아이들의 웃음소리는 팽나무의 기쁨이다. 분명히 그럴 것이다. 그렇게 마음을 굳히니 그제야 해결책이 튀어나왔다. 이곳은 학교에서 제일 인기 있는 놀이터다. 그렇다면 좀 더 재밌게 놀 수 있는 곳으로 만드는 거야.

나무뿌리를 덮고 있던 흙을 제거하고 상처 입은 뿌리를 처치하고 토양개량을 한 다음 파여서 낮아진 곳에 삼나무와 편백나무 판으로 다리를 놓았다. 이렇게 하면 아이들이 놀이기구까지 뿌리를 밟지 않고 갈 수 있다. 다리를 놓는 방법도 아이들이 안전하게 즐길

치료 후의 팽나무 뿌리

수 있도록 놀이기구처럼 만들었다. 치료가 끝나니 팽나무도 한시름 놓고 편안한 표정을 짓는 것만 같았다.

'팽나무랑 놀자.' 아이들은 누가 먼저랄 것도 없이 우르르 달려가 나무 옆으로 모인다. 다리를 건너는 아이들의 뒤뚱대는 가벼운 발소리가 나무 주변에 가득 찬다. 생동감으로 반짝이는 아이들의 눈동자와 살랑거리는 푸르른 신록에 힘입어, 오늘도 팽나무는 한층 더 눈부시게 빛난다.

나무의사가 알려 주는 나무 상식

팽나무

느릅나무과(科) 팽나무속(屬) 낙엽수. 자웅동주. '팽나무'라는 이름의 유래는 가지가 많다거나 농기구 재료로 사용되었기 때문이라는 등 여러 가지 설이 있다. 팽나무는 골짜기를 따라서 죽 나 있는 경우가 많은데, 산과 들에서 자주 볼 수 있는 나무다.

*팽나무의 일본어는 '에노키(えのき)'로 '가지(えだ, 枝)가 많은 나무(き, 木)'라는 뜻의 에다노키에서 에노키로 변했다는 설과 '가지+농기구(のうぐ, 農具)'가 결합해 에다노구→에다노키→에노키로 변했다는 설이 있다는 의미다(역자 주).

치료한 팽나무와 아이들의 즐거운 한 때. 마치 나무 유원지 같다.

맑은 물과 나무의 조화

진단치료 2

물에 떠 있는 느티나무

물이 흐르는 소리가 들린다. 실개천 같이 작은 곳에서 흐르는 소리가 아니다. 그렇다고 급류가 흐르는 계곡에서 돌에 부딪쳐 흩어지는 격한 물소리도 아니다. 리드미컬하면서도 경쾌한 물소리. 물속에 있는 크고 작은 다양한 모양의 돌들을 올라타고 부딪치며 가볍게 흩뿌려지는 물소리. 그 물은 아리아케해(有名海)로 이어진다.

바로 '시즈카가와'(조용한 강이라는 의미)라는 이름이 딱 맞는, 산마을을 윤택하게 적셔 주는 강물 소리다. 아소의 용천수가 강 여기저기에서 솟구친다. 이 강가의 용천수에는 마치 떠 있는 것처럼 보이는 커다란 느티나무가 몇 백 년 동안 살고 있다. 깨끗하고 맑은 물이 퐁퐁 솟아나는 용천수 바로 위에 이렇게 커다란 나무가 생육하고 있는 것은 일본 전국을 돌아다녀도 좀처럼 볼 수 없는 보기 드문 광경이다.

거울 같은 수면에 투명한 모습을 반사하고 있는 느티나무는 그야말로 아름답다. 느티나무에는 금줄이 둘러져 있고 용천수에는 누군가가 던진 은빛 금빛의 동전이 잠겨 있다. 물에 비친 느티나무 아래로 작은 물고기가 아름다운 물결무늬를 만들면서 유유히 헤엄친

느티나무 수원(구마모토 아소군 오구니마치)
높이 18.5m, 둘레 7.5m, 추정 수령 1000년, 국가 지정 천연기념물. '료신샤' 주변을 흐르는 시
즈카가와 근처, 좁은 골목 뒤쪽에 커다란 느티나무가 있는데, 그 옆에서 솟아나는 용천수를
'느티나무 수원'이라 부른다.

다. 나뭇가지 사이로 비치는 햇살이 반짝이며 흔들리는 물그림자를 만들고 두툼한 느티나무 몸통에도 반사되어 풋라이트(footlight, 무대의 앞쪽 아래에 장치하여 배우를 비추는 광선)처럼 느티나무를 비춘다.

처음으로 이 '느티나무 수원(水源)'을 방문했을 때부터 나는 이 신비로운 광경에 마음을 빼앗겼다. 물에 떠 있는 '느티나무 수원'은 지역 사람들에게 복을 주는 신(神)으로 유명하다.

하지만 이 느티나무 주위는 온통 강돌(오랜 시간 강바닥이나 강가에 있으면서 물에 씻기기도 하고 다듬어지기도 한 돌)인데다 북쪽에는 주차장이 들어서 있다. 게다가 아무리 눈을 씻고 봐도 주위에는 토양환경이란 게 없다. 즉, 흙이 없다는 말이다(p86 사진 참조). 얼핏 보면 나무에게 좋을 것 하나 없어 보이는 이런 환경에, 이런 장소에, 믿을 수 없을 만큼 커다란 나무가 당당히 서 있을 수 있는 건 뿌리 주변에 신선한 물이 끊임없이 솟아오르기 때문이다(p87 사진 참조).

수경재배와 같은 원리다. 신선한 물에는 산소가 다량으로 포함되어 있고, 또한 아소산을 굽이굽이 돌아온 이 물은 미네랄도 풍부하다. 때문에 비록 흙이 없어도 이 나무는 충분한 영양소를 공급

'느티나무 수원'에서 기리고 있는 '물의 신'은 복과 행운을 부른다고 한다. '료신사(両神社)' '거울 연못(鏡ヶ池)' '느티나무 수원'을 합쳐 복운삼사(福運三社)라고 한다.

근처 주차장에서 본 느티나무의 모습. 사진_오야마 히로유키

받고 있는 것이다.

그리고 이 느티나무에는 커다란 동굴이 있다. 뿌리 밑동에서부터 뻥 뚫려 있는데 두 세 사람이 들어갈 만큼 큰 동굴이다. 하지만 그럼에도 불구하고 이 나무는 매우 튼튼해서 그 커다란 몸체를 지탱하는데 불안정한 낌새가 전혀 느껴지지 않는다. 부드러우면서도 유연하고 힘이 좋은 나무의 성질이 정말 부럽다.

잊고 있었던 이 느티나무를 다시 찾게 된 것은 최근이었다. 삼림종합연구소에서 기상 연구를 하고 계시는 같은 고향 선생님한테 관측 상담이 들어왔다. 선생님은 수간동요계(樹幹動搖計)라는 나무의 움직임을 측정하는 기계를 이용해 나무와 날씨의 관계를 연구하는 분이다.

"어디 테스트하기에 적당한 나무 없을까요?" 하고 질문하시기에 바로 '느티나무 수원'을 추천했다. 이 나무는 대체 어떤 기상의 영향을 받고 있는지 궁금했기 때문이다. 큰 가지 동서남북 방향에 계측 기계를 달고 반년 동안 1개월에 한 번 정도 그 모습을 보러 가서, 그 기간 동안 풍속 데이터와 가지가 흔들리는 회수를 기록하고 후

느티나무 뿌리 근처가 솟아 나온 물로 용수지(湧水池)가 되어 있다. 사진_오야마 히로유키

에 연구하는 방식이다. 해보니 처음 관측했을 때는 강한 바람이 불지 않았고, 후에 $10^{m}/s \sim 20^{m}/s$ 정도의 풍속에는 가지 끝만 흔들리고 줄기까지는 흔들림이 전달되지 않는다는 사실을 알게 됐다. 빗자루 모양을 가진 느티나무의 경우에는 몸을 흔들며 바람에 몸을 맡기는 방식으로 강한 바람을 피한다고 책에 적혀 있었는데, 정말 그 말 그대로였다. 풍속 $40^{m}/s$ 이상의 대형 태풍이 왔을 때는 가지가 80회 이상이나 흔들렸다고 기록되어 있었는데, 강풍에 휘말렸을 때 느티나무가 어떻게 버틸 수 있는지 그 노하우를 짐작할 수 있었다. 꿈쩍도 안하고 자리를 지킬 수 있었던 이유는 바로 동굴이 있었기 때문이다.

여기서 알 수 있는 가장 중요한 사실은 악조건의 날씨가 반드시 나무를 괴롭히기만 하는 것은 아니라는 것이다. 바람으로 흔들리지도 않고 아무 자극도 없으면 뿌리는 계속 약해지게 된다. 오히려 바람이 있기 때문에 그 저항에 의해 발달하게 되는 것이다.

튼튼한 뿌리의 곡선은 요컨대 사람으로 치면 험한 산골에 사는 사람에게 자연스럽게 생긴 생활근육 같은 것이다. 이 '느티나무 수원'의 느티나무는 토양환경이 제대로 갖춰지지 못한 만큼 반대로 울퉁불퉁 기세가 왕성한 아름다운 뿌리를 뻗게 된 것일 터. 강을 달려온 바람은 엄하게, 그러면서도 부드럽게 느티나무를 키워낸 것이다.

'물에 떠 있는 느티나무의 뜻밖의 강인한 모습은 사실 기계로 잴 수 없는 것이 훨씬 더 많을 텐데.' 나는 솟아 나오는 맑은 물을 한 모금 마시고 물과 바람 소리를 들으면서 이런 생각을 해 보았다.

여성의 몸처럼 보이는 섬세한 모습과
겉과 속이 다른 치료

진단치료 3

나이스 보디 상수리나무

여성의 몸처럼 보이는 섬세한 모습과
겉과 속이 다른 치료

진단치료 3

뒷모습에 가슴이 두근, 하고 뛴다. 하지만 용모를 확인하려고 그녀를 앞질러 가려면 주의가 필요하다. 그녀가 서 있는 곳은 벼랑 끝이기 때문이다.

산킨코우타이 길 중간에서 조금 위쪽으로 올라가면 전망 좋은 곳에 '신발걸이 상수리나무'라 불리는 일본 제일의 상수리나무가 있다. 미끄러지기 쉬운 돌계단 급경사 내리막길에서는 아홉 겹으로 둘러싸인 푸르른 산맥이 내려다보인다.

소의 등에 올라탄 벤텐사마(辨財天, 일본의 칠복신 중 하나로 원래는 인도의 신이다)가 이 급경사 길에 막 당도했을 때 신발이 벗겨져 소의 목에 걸려버렸다고 한다. 하는 수 없이 소에서 내려 그 신발을 상수리나무 가지에 걸고 한숨 쉬었다는 이야기에서 '신발걸이 상수리나무'라는 이름이 유래되었다고 한다.

상수리나무 옆에는 작은 벤텐사마 석상이 있다. 아마 그때부터 계속 벤텐사마가 이 상수리나무 위에 살면서 여행자들을 지켜보았던 게 아닐까.

상수리나무의 매끄러운 줄기 형태는 스타일 좋은 여성을 연상시킨

다. '뒤돌아보는 미인도'처럼 살짝 뒤를 돌아보는 것 같은 옆모습을 하고 있다. 그런 여인의 몸 곡선이 상수리나무의 모습과 겹쳐져 매우 섹시하게 보이기 때문에 여성인 나조차도 가슴이 설레는 것이다. 또한 상수리나무 반대쪽으로 돌아가면 한층 더 가슴이 뛰는 광경을 볼 수 있다. 굵은 나무 몸통 중간쯤 되는 높이에 2개의 커다란 혹이 있어서, 아름다운 가슴라인을 만들고 있다.

정말 더할 나위 없는 절묘한 비율이라 나도 모르게 '뭐야!' 하고 소리를 지르고 말았다. 안내판에는 '수유기(垂乳機, 늘어진 가슴 모양)'라고 되어 있는데, 이 표현은 좀 아닌 것 같다. 한마디로 나무한테 실례다. 분명히 말해 두지만 이 나무의 몸은 말 그대로 '나이스 보디'다.

이 상수리나무에 대해서는 이야깃거리가 아직 더 남아 있다. 어느 날 경사가 급한 길을 헐떡이며 올라온 나그네가 이 나무 그늘에서 쉬다가 잠이 들어버렸다. 그러자 상수리나무는 친절하게 자신의 잎을 떨어뜨려 나그네를 포근히 감싸고 가슴 끝에서 차가운 물을 똑똑 떨어뜨려 그의 목을 축여 줬다. 그 덕분에 나그네는 기운을 차려 다시 길을 떠날 수가 있었다고 한다. 지금은 이 돌계단을 통

신발걸이 상수리나무 (구마모토 아소군 우부야마무라)
높이 20m, 둘레 2.9m, 추정 수령 630년, 구마모토현 지정 천연기념물. 사진_오야마 히로유키

해 여행을 하는 나그네는 사라졌고, 주위의 나무들도 너무 크게 자라서 주위가 어두워졌다. 그 탓인지 다정했던 이 나무도 조금은 고독한 기운을 풍기는 미인으로 변해버렸다.

본론으로 돌아가서, 보통 나무의사에게 의뢰가 들어오는 경우는 대부분 나무의 상태가 안 좋을 때다. 때문에 예전에는 그토록 발랄했었던 '신발걸이 상수리나무'도 내가 만나러 가 보니 머리카락에는 윤기가 없고 얼굴빛도 창백한 것이 조금씩 신음소리마저 흘리고 있는 것처럼 느껴졌다.

나는 '괜찮니?' 하고, 친구에게 말을 걸듯 살짝 손을 대고 상수리나무에게 말을 걸어 보았다. 상수리나무의 모습은 동서로 커다란 두 개의 가지를 수평으로 뻗은 모습이 특징이어서 마치 팔을 벌리고 있는 것처럼 보인다. 그런데 그 커다란 가지에 명백하게 심각한 병증을 나타내는 버섯이 잔뜩 붙어 있었다. 그대로 방치하면 줄기로 진행될 것이고, 더욱 심각한 상태로 번질 것이다.

사실 더 걱정이 되는 쪽은 줄기였다. 커다란 동굴에 발포우레탄이 구석구석까지 충전되어 있었기 때문이다. 발포우레탄은 스펀지처럼 생긴 것으로 단열재나 기밀제(공기가 통하지 못하게 만드는 것)로 사용되는 화합물이다. 수목치료 초기단계에서는 종종 사용했다고 하나, 현재는 거의 사용하지 않는 물질이다. 동굴을 메워 빗물의 침입을 예방하고 나무가 썩는 것을 막기 위해 사용한 발포우레탄이 오히려 목적과는 반대로 수분을 보존하거나 습도를 높이는 부작용이 발견되었기 때문이다. 내가 습도계로 발포우레탄으로 채워진 내부를 조사해 보니 눈 깜짝할 사이에 100%에 도달한다. 완전한 가습 상태다. 나무 종류나 나무의 동굴 상태에 따라서는 효과가 있는 경우도 있지만, 상수리나무의 경우에는 애당초 나무의 성질이 부드럽고 부후(腐朽)에 대한 저항력도 약할 뿐만 아니라 건조한 환경을 좋아하기 때문에 신속한 제거가 필요했다.

우리는 조금씩 정성들여 발포우레탄을 떼어 냈다. 그 결과 드디어 구멍이 뻥 뚫려 사람이 들어갈 수 있을 정도로 큰 동굴이 모습을 드러냈다. 동굴 내부는 엄청나게 습했다. 이미 버섯이 발생한 곳도 있어서 상당히 걱정스러운 상황이었다. 지금까지 상수리나무는 얼마나 몸이 근지럽고 갑갑했을까.

'신발걸이 상수리나무'가 나무의 힘(樹勢)을 회복하기 위한 치료 과정

1 커다란 가지에 붙은 배착생(背着生) 버섯의 부후(腐朽)가 진행되지 않도록 제거한다.

2 부후가 진행된 부분을 제거하는 중이다.

3 발포우레탄을 제거한 동굴의 모습

4 부후가 진행된 부분에 살균제를 도포하는 작업

  - 큰 가지를 제거하고 부후가 진행된 부분 처리

  - 와이어 지지대 설치

  - 주변의 인공림 벌채 등

5 모든 치료가 끝난 상태

유감스럽게도, 우아하고 낭창낭창하게 마치 사람의 팔처럼 펼쳐져 있던 큰 가지는 절단하지 않으면 안 되었다. '생명의 존속을 위한' 가슴 아픈 결단이었다. 또한 주위를 헤매던 빛도 다시 찾아왔다. 결국 상수리나무는 비록 형태는 좀 달라졌지만 얼굴색은 한결 좋아진 것 같았다.

흘러가는 구름 밑에 있는 산 너머로 돌계단 길이 이어져 있다. 상수리나무도 오랜만에 내려다보는 경치일 것이다. 역광이 강해져서 한층 더 신비로움이 감도는 상수리나무로 재탄생하는 순간이다. 인간 세계에는 '미인박명'이라는 말이 있지만, 이 상수리나무 미인은 계속 건강했으면 좋겠다.

치료가 끝난 '신발걸이 상수리나무'의 모습

벌레가 많이 꼬였을 때

진단치료 4

커다란 후박나무 몸에 쪼끄만적

어느 날 전화 한 통이 걸려 왔다. 내용인즉 '마을의 큰 나무인 후박나무 상태가 이상해요. 치료해 주세요. 원인을 모르겠어요!'라는 것이었다. 일단 일이 들어왔다는 것 자체로 기뻤지만, 동시에 불안감과 긴장감이 스쳤다. 당시 나는 일을 시작한지 얼마 안 되는 풋내기 나무의사였다. 과연 바로 그 원인을 찾아낼 수 있을까? 가슴이 쿵쾅쿵쾅 뛰었다.

게다가 나무의사의 경우에는 직접 나무가 있는 곳까지 가지 않으면 진찰할 수가 없다. 나무의 몸이 나보다 훨씬 크기 때문에 손이 닿지 않는 곳도 있다. 상황을 상상해 보니 다시 한 번 몸에 힘이 들어간다. 사람을 고치는 의사들도 분명히 긴장의 연속이겠구나, 하는 생각이 들었다. 예전에 엄마가 입원했던 한 대학병원 인턴선생님은 자신이 주사를 놓을 때 누가 쳐다 보면 긴장된다며 커튼을 치고 처치를 했었다. '정말 한심하군.' 당시에는 그렇게 생각했지만 이제는 그 기분을 알 것도 같다.

실은 나의 할머니도 사람을 고치는 의사선생님이었다. 당시(20세기 초)에는 여성이 의사라는 직업을 갖는 것 자체가 매우 드문 일이었

불공석 후박나무(구마모토 기쿠치시 교쿠시)

다. 그래서인지 할머니는 성격적으로 굉장히 특이한 사람이었지만 의사로서의 자질은 굉장히 훌륭했다고 들었다. '할머님께 정말 신세 많이 졌습니다' 하면서 깍듯이 인사하는 사람들을 굉장히 여러 번 봤으니까.

할머니가 현역에 있을 때의 모습은 거의 본 적이 없기 때문에 당시에 할머니가 긴장을 했었는지 어떤지는 잘 모르겠다. 하지만 적어도 내 머릿속에는 의사 할머니가 매우 당당한 모습으로 남아 있다. 그렇다고 해서 무섭게 진찰을 했다는 건 아니다. 내가 배가 아플 때면 할머니는 청진기를 가져와 다정하게 만져주고 안심시키면서 진찰해 주셨다. 하지만 평소 때의 할머니와 의사인 할머니는 전혀 다른 얼굴이었다. 의사인 할머니에게는 카리스마가 있었다. 그 점이 중요하다. 나는 새삼스럽게 내 자신에게 이 점을 강하게 주지시켰다. 그리고는 긴장의 끈을 늦추지 않은 채로 상태가 안 좋다는 후박나무를 진단하러 나갔다.

아소산의 외륜산(外輪山, 이중화산 또는 그 이상의 복합화산체에서 중앙 화구구를 감싸고 있는 원 또는 초승달 모양의 산릉이나 산) 중 하나를 이루고 있는 구라다

피해를 입은 후박나무 잎

케산 중턱에 있는 '불공석 후박나무'라 불리는 오래된 나무였다. 삼나무숲과 대나무가 뒤섞인 어스름한 숲을 지나고 나니 멋진 뿌리를 가진 커다란 나무가 조용히 그 모습을 드러내고 있었다. 하지만 고목(古木)이라는 것을 증명이라도 하듯 나무껍질 여기저기 상처가 나 있었고 다른 식물들이 고목의 몸을 휘감고 붙어 있었다. 후박나무 잎은 두껍고 초록색도 깊고 진하다. 또 가지의 성장이 매우 왕성해서 광장의 대부분을 나무줄기와 가지가 점유하고 있을 정도였다.

후박나무는 특이하게도 새로 나는 새싹이 붉은색을 띤다. 상록수이기 때문에 오래된 초록 잎과 새로 난 붉은 잎이 서로 섞여 대조를 이루는 모습이 굉장히 아름다운 나무다. 또한 따뜻한 지방을 대표하는 나무종이라 해안선을 따라 죽 둘러 있는 모습을 흔히 볼 수 있다. 뜨겁고 울창한 삼림의 이미지를 만드는 대표선수랄까. 뱀처럼 큰 가지를 틀면서 뻗어나간 모습이 조금은 괴기스러운 분위기를 만들어 낸다. 옛날에 구라다케산 정상의 말머리관음상 앞에서 기도를 드리던 노승이 산중턱에 있는 후박나무 옆 큰 돌에 공

클로즈업을 해 보니 후박나무 잎의 피해 정도를 확실히 알 수 있었다.

물을 놓고 불공을 드렸다는 이야기에서 유래하여, '불공석 후박나무'라는 이름을 갖게 되었다고 한다.

이 커다란 후박나무가 말라 죽어가고 있다는 연락이었다. 후박나무에 가까이 갈수록 잎이 말라 있다는 것을 확실히 알 수 있었다. 확실히 시들어가고 있는 것처럼 보였다. 그 외에 다른 이상은 없어 보이는데 이렇게 일제히 잎들이 마르다니, 굉장히 독한 약품이라도 살포한 걸까? 손을 대고 다시 한 번 잎을 자세히 살펴본다. 그랬더니, 세상에! 아주 작은 벌레들이 무수히 잎을 덮고 있는 게 아닌가. 그렇다. '범인'은 바로 진딧물이었다. 아무리 커다란 후박나무라도 이렇게나 많은 진딧물에게 공격을 당하면 이토록 심한 타격을 받을 수 있는 것이다. 또한 주변에는 30~40년 전에 심었다는 삼나무가 후박나무를 둘러싸듯이 성장하고 있어 햇볕이나 통풍을 방해하고 있었다. 이런 환경의 변화도 진딧물이 대량으로 발생하는 것을 도와주고 있는 것 같았다. 아무도 발견하지 못했던 '범인'을 나무의사로서 잡아낼 수 있어서, 우선은 한시름 놓았다.

나중에 인도네시아의 가위바위보 이야기가 떠올랐다. 주먹 쥔 손

**나무의사가 알려 주는
나무 상식**

벌레 피해 대책
· 나무는 살아있기 때문에
  벌레가 꼬이는 것은 당연한 일이다.
· 화학성보다는 물리성을 개선한다.
· 통풍을 개선한다.
· 흙을 건강하게 만들어 준다.
· 배수를 개선한다.
· 적절한 일조량이 중요하다.
· 생태계 구조를 이용한다.
· 나무의 생태에 맞는 약제를 살포한다.

에서 엄지손가락을 내밀면 코끼리, 집게손가락은 사람, 새끼손가락은 개미를 의미하는데, 코끼리는 사람에게 이기고, 사람은 개미한테 이기고, 개미는 코끼리한테 이긴다. 왜냐하면 아무리 작은 개미라도 코끼리의 귀에 들어가 버리면, 제 아무리 커다란 코끼리라도 가려워서 견딜 수 없기 때문이란다.

그렇다면 지구에 사는 작은 우리들이 이 커다란 지구에 주는 피해는 어느 정도일까.

결코 그냥 넘길 수 있는 수준이 아니라는 것은 확실해 보인다.

살충제가 아닌 자연의 생태계를 이용한 해충 증식 억제법
· 무당벌레는 진딧물의 천적이다. 개미는 엉덩이에서 달콤한 즙을 내어 진딧물을 꾀어낸 후
  유충에서 성충까지 먹어 치운다. 풀꽃을 지키기 위해 이런 천적 관계를 이용하면 농약을
  줄일 수 있다.
· 검은 개미는 버섯의 균사를 먹기 때문에 버섯의 증식을 억제할 수 있다.
· 벚나무는 꿀로 개미를 불러들여 진딧물로부터 자신을 보호한다.
· 차나무독나방은 수액과 침 성분으로 벌을 불러와 퇴치한다.

나무에는 방어기능이 있어서 본래 어느 정도까지는 벌레 먹어도 상관없을 정도의 힘을 가지고 있다. 그것이 바로 생태계를 지키는 '열쇠'다.
'해충'이란 한 종류의 벌레가 대량으로 발생한 상태를 뜻하므로, 먹고 먹히는 균형이 맞으면 '해충'이 되지 않는다.

계속해서 새로 태어나는 삼나무

놀라운 자연의 재생력

'우리는 죽으면 어떻게 될까?'

누구나 한두 번쯤은 이런 생각을 해봤을 것이다. '현세에서 한 행동으로 내세가 정해지는 걸까?' '전생은 어떨까?' 이런 식으로 말이다. 이른바 '윤회사상'에 입각한 생각들이다. 요즘 살아가는 이야기와는 한참 거리가 있지만, 우리의 먼 옛날 선조들은 하늘과 땅을 경외하고 자연을 신으로 생각했기 때문에 생명의 순환을 느끼며 살아왔다.

하지만 희한하게도 나는 다른 아이들과는 달리 어릴 때부터, 비록 종교적인 것은 아니었지만 자연을 그런 식으로 인식해왔다. 어른이 되어 나무의사가 되고 나서는 더욱 더 그런 생명의 여행에 대해 생각할 기회가 많아졌다.

'다카모리 삼나무'의 경우에도 그랬다. 처음 그곳을 방문했을 때는 한겨울이었다. 눈이 쏟아지는 굳은 날씨를 걱정하면서 지도에도 실려 있지 않을 것 같은 곳으로 출장을 가게 됐다. 주위의 목초는 계절이 계절이니만큼 버석버석 마른 소리를 내고 있었고, 시든 갈색 들판이 산비탈 가득 펼쳐졌다. 귀가 징~하고 울리는 것 같은, 추운

'다카모리 삼나무'는 멀리서 바라보면 마치 많은 나무들로 이루어진 숲처럼 보인다.

날이었다. 나는 모자를 깊게 눌러 고쳐 썼다. 그리고 선배 나무의사와 함께 대체 어떤 나무가 우리가 가야 할 목적지에 있는 삼나무일까, 잠시 동안 겨울풍경 속에서 헤맸다. 그랬더니 진한 녹색 덩어리처럼 보이는 숲이 한군데 보였다. '저거 아닌가?'

하지만 삼나무는 한 그루가 아니었다. 엄청나게 많아서 도저히 기념수인 삼나무로는 생각할 수 없었다. 우리는 반신반의하며 다가갔다. 다가가니 간판 비슷한 것이 세워져 있다. 아무래도 이게 맞는 모양이다. 하지만 '정말로 이거라고?' 우리는 계속 고개를 갸웃거리며 숲 속으로 들어갔다. 그랬더니 숲이라고 생각했던 삼나무 덩어리가 한 그루의 나무로 보이기 시작하는 게 아닌가. 커다란 나무 한 그루의 가지가 무수히 부러져 거기에서 새롭게 삼나무가 태어나 나무가 되어 있는 상태였다.

'정말 대단하다!'

우리는 너무 놀란 나머지 숨을 들이마시고 눈을 동그랗게 뜬 채 숲

속으로 돌진했다. 게다가 그 같은 모습의 커다란 삼나무는 한 그루가 아니라 몇 그루나 더 있었다. 그 덕에 숲처럼 보였던 것이다. 우리는 천천히 걸어 나와 그 나무의 전체 모습을 감상하면서 부러진 가지들을 살펴봤다. 지면은 삼나무 고엽이 두껍게 쌓여 있어서 쿠션 위를 걷는 것처럼 폭신폭신했다. 게다가 주위 공기는 삼나무 특유의 상쾌한 향기로 가득 차 있어서, 마치 살균된 방처럼 상쾌했다. 부러진 큰 가지는 지면에 접한 곳부터 뿌리가 나고 있었고 줄기와 가까운 쪽의 가지는 말라서 썩고 있었다. 천연 휘묻이나 꺾꽂이인 셈이다.

이 큰 가지는 본디 본체에서 뻗어 나온 것이라 본체와 유전자가 똑같다. 식물은 이처럼 개체를 복제해서 늘리는 것이 가능하다. 그 모습이 마치 해가 따뜻하게 비치는 방향으로 발을 한 발 한 발 내딛는 것처럼 보였다. 나무를 치료할 때 큰 가지가 부러지는 것을 예방하기 위해 지지대를 덧대는 경우가 많다. 하지만 조건만 허락해준다면 아예 이런 방법을 치료법으로 취하는 것도 좋지 않을까 싶다. 지지대를 아예 지면에 접촉시키면 지지하는 걸 넘어서서 귀

중한 나무를 보호하고 육성할 수 있게 될 것이다.

자연 속에서 실제로 일어나는, 나무의 놀라운 재생력에 새삼 감탄하게 되는 순간이었다.

선배와 나는 뭔가 대단한 발견을 한 것 같은 기분이 되어, 나무 주위를 도는 발걸음이 갑자기 빨라졌다. 빨리 누군가에게 이 놀라운 사실을 알려주고 싶다는 마음과 특별한 비밀을 간직한 어린아이 같은 성급한 마음이 되어, 온몸이 들썩들썩 움직이는 것이 느껴졌다.

이 삼나무는 자신의 주위에 자신을 많이 만들어 놓았다. 그 덕에 주위가 온통 다 자기 자신이다. 만일 그 중 어떤 것이 부패되어 분해되더라도 다른 개체가 계속 살아줄 수 있는 것이다. 불로불사하고 싶다면 나무가 되어라. 거기에 비해 우리 인간은 죽으면 그 육체를 그대로 잃는다. 다시 태어난다는 건 비과학적이라면 비과학적인 말일지도 모른다. 하지만 만일 의식의 유무를 묻지 않는다면 오히려 상당히 과학적인 것 같기도 하다.

야나기사와 게이코 씨의 《살아서 죽는 지혜》를 읽고 나니 새삼 그

'다카모리 삼나무'의 특징적인 가지와 줄기
1 부러진 가지를 옆에서 본 모습
2 가지가 부러져 지면에 접해 뿌리를 내린 모습
3 줄기(몸통)의 모습
　사진_오야마 히로유키

런 생각이 들었다. 비록 내 몸은 분해되더라도 극소입자가 되어 또 다시 뭔가에 연결되어 나타나는 날이 온다. 꽃일 수도 있다. 눈일지도 모른다.

이른 매미가 울 때쯤 또다시 이 삼나무를 찾아갔다. 더욱 강해진 햇볕이 숲으로 쏟아져, 나무는 보다 선명하게 강한 생명력을 내뿜고 있었다.

수백 년의 역사를 관통해온 커다란 부부 삼나무 명목(名木)
다카모리 고레나오(高森惟直)가 자결한 곳인 세이에이잔 산기슭 흑암고개로 통하는 오른쪽 밑 방향으로 커다란 삼나무가 두 그루 있다. 한 그루는 지상 1m 정도에서 세 갈래로 갈라져 있다. 이 땅은 다카모리 성주였던 다카모리 이요노카미 고레나오(高森伊予守惟直)와 무관 미모리효고오노카미노인(近侍三森兵庫守能因)이 자결한 곳으로 전해지며, 구마모토의 명소다.

다카모리 삼나무(구마모토 아소군 다카모리마치, 외륜산)
둘레 수(雄) 삼나무 5.7m, 암(雌) 삼나무 3.3m, 추정 수령 400년, 사진_오야마 히로유키

복원된 문화재 정원의 나무들을 보는 즐거움

정원 만들기 1

나미 씨의 감나무

복원된 문화재 정원의 나무들을 보는 즐거움

정원 만들기 1

문 한 귀퉁이에 별로 눈에 띄지 않게 초라하게 서 있는 감나무 고목인 건 확실한데 이 감나무가 어느 정도의 세월을 견뎌왔는지는 확실히 모르겠다. 아픈 곳도 없어 보이고, 어디서나 자주 볼 수 있는 그냥 평범한 감나무다. 솔직히 말하면 별 느낌이 없다.

"단정 지을 수는 없지만 소세키가 돌아왔을 때, 나미 씨의 모델이 된 쓰나가 이 감나무를 선물로 가져왔다고 합니다." 담당자인 오야마 씨의 말이다.

이곳은 일본 근대 문학의 아버지 나쓰메 소세키의 작품 〈풀베개〉의 무대가 된 구(舊) 마에다 가가시 별장이다. 지금은 민가가 되었지만 일부는 개방되어 지금도 팬들이 가끔씩 찾는다고 한다. 소세키가 머물렀던 방도 감상할 수 있도록 개방해 놓았다. 이 지역의 명소가 된 마에다 가가시의 저택은 제5고등학교에서 교편을 잡았던 나쓰메 소세키가 요양을 위해 들렀던 곳으로도 유명하다.

이 소설의 도입부에 나오는 구절은 너무나 유명해서 이 작품을 모르는 사람이라도 들은 적이 있지 않을까 싶다. 바로 "이치로 움직이면 모가 나고, 정에 치우치면 휘말리며, 고집을 부리면 궁해진다"

는 문장이다.

나무의사인 나로서는 '지금은 나무도 살기 힘든 각박한 세상이 되었답니다' 하고 소세키에게 보고하고 싶은 심정이다.

이 소설에서 뭐니 뭐니 해도 가장 유명한 부분은 욕탕 속에 들어가 있던 남주인공 옆으로, 여주인공인 나미 씨가 아무도 없다고 생각하고 들어가 버리는 장면이다.

하지만 이런 가슴 설레는 이야기의 무대가 되었던 이 구(舊) 마에다 가가시 별장은 이미 그 풍취를 즐길 수 있는 상태가 아니었다. 오랫동안 방치된 탓에 주위환경은 황량하고 거칠기 그지없었고, 커다란 나무들은 다듬어지지 않아 잎이 무성하게 자랐으며 햇빛도 잘 들지 않고 바람도 통하지 않았다. 낮은 잡목류도 큰 나무들과 마찬가지로 너무 자라서, 아마 꽃봉오리도 거의 제대로 피우지 못할 것 같았다. 지면은 이끼가 아닌 풀로 덮여 있었는데, 건물 앞 댓돌이 잘 보이지 않을 지경이었다.

이런 까닭에 이 건물은 물론이고 정원 전체를 되살리는 프로젝트를 마을 사업으로 시행하게 된 것이다. 나도 이 집터를 복원하는

일에 참여하게 되어, 새삼스럽게 〈풀베개〉를 다시 읽어 봤다. 한 화공이 요양을 위해 찾은 온천장에서 '광녀'라 불리는 아름다운 이혼녀와 만나서 일어나는 여러 가지 일들이 묘사되어 있다.

내 머릿속 아련한 기억 어딘가에서 소세키가 영국으로 건너갔을 때의 감상이 꿈틀거린다. "외국에서는 이끼 낀 돌을 싫어해서 돌은 언제나 깨끗하게 이끼를 걷어내고 윤이 나게 닦아낸 다음 사용한다. 일본의 미의식과는 전혀 다르다." 뭐 이런 내용이었던 것 같다. 당대의 대표적인 문화인으로서 외국의 모습을 잘 알고 있었던 소세키였기 때문에 오히려, 일본만이 가지고 있는 미의식을 높이 평가할 수 있었을 것이다. 〈풀베개〉에도 정원을 묘사한 장면이 몇 군데 등장한다.

소세키가 사랑했던 정취 있는 정원을 되살리고 싶었다. 〈풀베개〉속에서 나미 씨는 기기묘묘한 행동을 취한다. 사실 그녀의 행동이 너무나 강렬한 인상을 남기는 바람에 스토리 자체가 특별히 떠오르지는 않지만, 주인공인 화공의 시선으로 읽다 보면 아름다운 리조트에서 매우 특별한 단 하나의 신비로운 로맨스를 찾고 싶어지는,

1 구 마에다가(家) 별장. 소설 〈풀베개〉의 무대가 된 목욕탕의 복원 후 모습. 표지목 뒤쪽에 서 있는 것이 '나미 씨의 감나무'다. (구마모토 다마나시 덴스이마치)
2 오래된 연못의 돌을 복원하고 있는 모습 (복원 전)
3 구 마에다 가가시 별장(복원 후)

그런 로드무비 비슷한 이야기였던 것으로 기억하고 있다. 에릭 로메르의 영화 〈녹색광선〉과 비슷하다는 느낌이 드는 건 혹시 나만의 생각일까?

나미 씨의 모델이 되었다고 알려진, 마에다 가가시의 둘째 딸 쓰나 씨와 소세키는 실제로 이 정원에서 달콤하고도 조용한 시간을 보냈을지도 모른다. 연못가에 나란히 서서 서로의 시선은 아주 가끔씩밖에 맞추지 않는다. 두 사람은 거의 이 연못 속의 잉어를 쳐다보면서 이야기하고 있는 것이다. 나의 부푼 상상은 계속 커져만 간다.

이 마을을 둘러싸고 있는 빛은 굉장히 밝다. 바닷가 옆 동네 특유의 기분 좋은 바닷바람도 실려 온다. 정원에는 아마 소세키가 여기에 묵었을 때에도 있었을지 모르는 큰 소귀나무가 남아 있다. 밝은 빛과 정취, 두 가지를 다 갖춘 이 정원에 아주 잘 어울리는 나무다. 문화재로 지정된 정원이야 여러 개 있고 또 각각의 정원마다 즐기는 법도 다르겠지만, 이곳에서는 크고 유명한 정원에 없는, 빛을 받아 섬세하게 흔들리는 것 같은 사랑이야기를 문틈으로 훔쳐볼 수 있다. 방치되어 황폐해진 정원과 나무를 다 손질하고 나니 갑자기 작은 새들이 늘었다. 그리고 놀랍게도 지금까지 선혀 눈에 띄지 않던 그 감나무가 멋들어진 상징나무가 되었다. 만일 쓰나 씨가 정말로 작품에 나오는 나미 씨와 비슷한 성격이었다면 재빠르게 나무에 올라가 소세키를 놀라게 했을지도 모르겠다.

감을 건넬 때 스쳤던 손끝은, 따뜻했을까? 차가웠을까?

언젠가 이곳을 방문하게 된다면 감나무를 꼭 찾아보길 바란다. 또 아는가? 감나무가 살짝 당신에게만 아무도 모르는 비밀스런 에피소드를 가르쳐 줄지.

나무의사가 하는 가든 디자인

정원 만들기 2

고
향
의　뜰

초원을 빠르게 훑고 지나가는 바람이 참억새 이삭을 부드럽게 스쳐 바람소리를 일으키면 대해원(大海原)이 나타난다. 광대한 억새풀 바다다. 억새 물결이 황금빛으로 빛나면서 나지막한 언덕 한 면을 폭 감싸고 있다. 마치 부드러운 비단 옷감을 쫙 펼친 듯 섬세한 물결이 출렁인다. 저 멀리 보이는 아득한 산등성이에는 연기가 자욱하고, 외륜산 위에서 보면 마치 거인의 발자국처럼 움푹 함몰된 칼데라(강렬한 폭발에 의하여 화산의 분화구 주변이 붕괴·함몰되면서 생긴, 대규모의 원형 또는 말발굽 모양의 우묵한 곳)의 풍경이 눈에 들어온다.

가을 산의 표면은 상록수의 푸른 잎과 낙엽수의 단풍잎이 어우러져 복잡하면서도 조화로운 색의 향연을 베푼다. '꼭 어릴 적 피아노를 덮어 놓았던 천이랑 비슷하네' 하고 친구에게 속삭이고 싶어진다.

겨울이 끝날 무렵에는 들판에 놓은 불로 인해 새빨간 불꽃과 연기로 자욱하다. 이렇게 한바탕 행사를 치러 낸 가을 산은 조용히 가라앉은 매캐한 연기 속에 갈색 대지로 변한다.

다시 봄이 오면 작은 산야초가 하얀 눈과 타버린 갈색 풀 사이로 얼굴을 내밀고 대지에는 원피스를 만들고 싶을 정도로 앙증맞은 작은 꽃 벌판이 쫙 펼쳐진다. 새파란 하늘로 휙 올라갈 듯 힘차게 솟은 적란운이 등장하는 한여름에는 선명한 초록색 초원이 다시 큰 바다를 이룬다. 윤기가 도는 고운 붉은색 소는 천천히 풀을 뜯으며 어린 풀숲 사이를 기분 좋게 거닐고 있다. 보고 있는 나까지 꾸벅꾸벅 졸게 만드는 평화로운 광경이다.

어릴 때부터 가끔씩 찾았던 아소의 풍경은 내 마음속에 자리한 추억의 풍경 중 하나다. 사람들은 이런 친숙한 자연은 항상 보는 것이라는 생각에 뭔가 부족한 느낌을 받는 것 같다. 사는 곳이 거의 다 서양식 외관이고, 또 거기에 맞춰 외국에서 태어난 나무들이 정원을 가득 채우고 있는 것을 보면 그런 생각이 든다. 하지만 시선을 바꿔 보면 시골 풍경은 그곳이 아니면 볼 수 없는 특별한 것이기도 하다. 나무의사가 되고 나니 특히 그런 점을 실감하게 된다.

규슈에는 규슈의, 홋카이도에는 홋카이도의 나무가 자라기 쉽고 키우기에도 무리가 없다. 나무의사와 가든 디자이너 일을 병행하고 있는 나는, 가까이에 있는 잡목림을 모티브로 한 정원을 만들면 어떨까, 하는 생각을 신문 칼럼에 실은 적이 있다. 그랬더니 그 기사를

아소산에 핀 노랑제비꽃
(구마모토 아소 외륜산)

읽은 하야마 부부가 아소에서 일부러 나를 만나러 오셨다.

구부러진 나무는 그 모양 그대로, 사용하는 돌도 가까이에서 구할 수 있는 것으로, 화단에 심는 풀꽃도 들판을 색색으로 물들이는 들꽃과 똑같은 것으로 하고 싶다며, 우리들은 의기투합했다. 태양빛이 눈부신 미나미아소의 광대한 부지는 수목들이 무럭무럭 자랄 수 있는 환경을 갖추고 있다.

느티나무도 졸참나무도 다 기분이 좋아 보인다. 계수나무도 시원한 기후의 토지라면 지칠 일이 없다. 보통은 정원용 나무로는 쓰지 않는 줄기가 굽은 진달래나 철쭉, 별 특징 없는 노린재나무도 이때만은 중요한 장소를 차지하고 신데렐라가 된다. 원래부터 있었던 등대꽃도 움츠러들어 있던 허리를 펴고 좀 더 분방한 아름다움을 뽐낼 수 있을 것이다.

베끼거나 빌린 풍경이 아닌 진짜 시골 그대로의 풍경 속에서 비로소 나무들은 가장 밝게 빛난다. 아소의 대지는 예전에는 대륙과 연결되어 있던 일본열도의 흔적을 상당히 많이 간직하고 있다. 노랑제비꽃에 봄구슬붕이, 꽃고비 같은 사랑스러운 풀꽃이 시공을 초월한

1 하야마 저택(구마모토 아소군 미나미아소, 구 하쿠스이무라).
  부지 입구에는 남편이 직접 만든 문패가 걸려 있다.
2 대나무 조각을 사용해 만든 현관 입구 길
3 진달래, 철쭉 등 자연수 형태의 수목을 심었다.

메시지를 담고 아소의 대지를 물들인다. 아소는 굉장히 국제적이고 이국적인 곳이라는 사실을 새삼 깨닫게 된다. 하지만 낙농가를 지키는 사람들이 고령화되면서 들불 놓기 같은 일도 점점 하지 않게 되는 등 여러 가지 이유로 이러한 성역이 사라지고 있는 실정이다.

보기 힘든 희귀식물뿐만 아니라 가까운 곳에 있는 친근한 나무들도 모두 어린애처럼 '여기도 좀 봐줘요' 하고 나한테 말을 거는 것만 같다. 어쩌면 내가 어떤 형태로든 자연의 매력에 대해 발언하고 싶어 안달이 난 것일지도 모르지만.

이렇게 가끔 하야마 부부처럼 내 마음과 똑같은 반가운 상대를 만나는 행운이 찾아올 때가 있다. 아소의 초원에 직접 만든 글라이더를 띄우는 취미를 갖고 있는 남편은 손재주가 남다르다. 남편은 정원이 다 만들어진 후에 직접 목재 문패를 만들어 걸어 놓았다.

우리 집 뒷산에도 있을 법한, 전혀 희귀하지 않은 흔한 나무들이 주인공인 정원. 하지만 그래서 오히려 '어디의 어디'라는 특정 시골이기에 가능한, 특별한 '고향의 뜰'이 완성되었다.

치료 중에도 계속 알을 품고 있는 산비둘기

진단치료 5

매화나무와 산비둘기

치료 중에도 계속 알을 품고 있는 산비둘기

진단치료 5

부스럭부스럭 나뭇가지 사이로 기어들어 가 잎이 무성한 나무줄기 속 작은 공간에 겨우 얼굴을 들이미니, 갑자기 산비둘기가 알을 품는 광경이 눈앞에 나타난다.

나도 모르게 '으앗' 소리가 나오는 것을 겨우 참고, 비둘기가 놀라지 않도록 조심조심 사다리를 내려온다.

"아버지, 비둘기가 있어요. 둥지 속에서 알을 품고 있어."

함께 치료하고 있던 아버지에게 작은 소리로 고한다.

"그래? 용케 이런 낮은 데에서도 알을 품는구나. 대단하네. 꿈쩍도 안 하는걸?"

흥미진진하게 들여다보면서 아빠가 말한다.

"정말이네. 치료를 계속해도 괜찮을까요?"

우리 부녀가 계속 이런 이야기를 하고 있자니, 의뢰인인 가나모리
부인이 말을 건다.

"매년 그 나무에 둥지를 틀어요. 거기가 편안한가 봐요. 주변엔 개
도 있어서 고양이도 들락거리지 않으니 안심이 되는 걸까요?" 하고
알려준다.

그녀는 "죽은 남편이 소중하게 여기던 나무거든요" 하면서 정원에
있는 매화나무의 치료를 의뢰했다. 그녀의 아버지 대부터 고객이다.
꽃은 완전히 졌고 가지에 초록 잎이 무성한 초여름 무렵이었다. 여
기저기에서 흔하게 볼 수 있는 산비둘기는 별로 신기할 것도 없는
새지만, 이렇게 가까이서 보는 건 처음이다. 작은 나뭇가지로 솜씨
좋게 옷감을 짜듯이 엮은 아름다운 둥지 속에 한껏 가슴께를 부
풀리고 앉아 있는 산비둘기. 그 모습에 금세 그 밑에 알을 다정하
게 품고 있다는 것을 알아챌 수 있었다. 산비둘기도 우리가 신경
쓰였는지, 아니면 무서웠는지, 순간 고개를 움직이지 않는다. 혹시
그게 아니라면 반대로 아예 우리를 전혀 눈치채지 못한 것인지도
모르겠다.

산비둘기가 매화나무에서 알을
품고 있는 모습

산비둘기는 회색과 갈색이 혼합된 평범한 색의 몸을 가지고 있었고, 날개에는 아주 조금 화려한 흰색이 박혀 있었다. 잘 살펴보니 목 부분에도 청색, 백색, 검은색 줄무늬 모양이 살짝 보인다. 그 줄무늬 중 청색 부분은 빛을 받으면 반짝거리며 반사되는 것이, 포인트 디자인으로도 손색이 없을 정도로 인상적이었다.

사실 산비둘기는 우는 소리가 아름답다고 말하기는 힘들다. 하늘을 날면서 지저귀는 종달새 소리처럼 경쾌하지도 않고 두견새 소리처럼 풍류가 있는 것도 아니다. 또 깊은 밤 정취를 연출하는 솔부엉이의 낮고 분위기 있는 소리와도 다르다.

구-구-구구, 낮으면서도 안쪽으로 말려들어 가는 갑갑한 소리가 목구멍 안에서 웅얼거리듯 우는 소리랄까. 옛날에 내가 살았던 집 바로 앞에는 이른 아침마다 매일 한 쌍의 비둘기가 와서, 구-구-구구 하고 울었더랬다. 그 소리를 알람시계 삼아 일어났던 기억이 난다. 상당히 사이가 좋아 보였던 부부 비둘기가 우리 가족을 아침마다 깨워준 셈이다.

매화나무에서 알을 품고 있는 이 산비둘기는 정말로 전혀 꿈쩍도 하지 않는다. 우리가 아주 가까이 다가가도 표정 하나 변하지 않는다. 어쩌면 속으로는 무서워서 경직되어 있는 것인지도 모르지만, 사랑스러운 눈동자 저 안쪽에서는 생명을 품은 생물 특유의 놀라운 힘이 느껴졌다. 주인 부부가 소중히 여기는 매화나무를 은신처로 고른 것은 굉장히 현명한 선택이었다. 우리는 나무가 가능한 한 흔들리지 않도록 신경 쓰면서 작업을 계속했다.

"남편이 굉장히 소중히 여기던 나무예요." 부인이 옆에서 다시 한 번 이렇게 중얼거린다. 아마도 이 나무는 부인에게 이미 남편 그 자체가 되어버린 것 같다.

썩은 줄기를 쳐다보는 부인의 눈길. 병든 나무를 보며 어찌해야 할지 알 수가 없었던 가나모리 부인은 '남편에게 미안한' 마음을 갖고 매화나무에게서 남편의 모습을 보며 '만일 다 죽은 거면 어쩌나'하는 불안감을 느꼈을 것이다. 가나모리 부인이 반복해서 중얼거릴 때마다 죽은 남편에 대한 애정과 외로움이 동시에 전해졌다.

이 매화나무는 줄기에 썩은 부분이 상당히 많이 퍼져 있었고 뿌리에 개미도 있었다. 조심조심 썩은 부분을 잘라냈다. 결코 건강한 부분을 다치게 해서는 안 된다. 잘라낸 곳에는 구제약을 바르고 건조시켰다. 부후가 이 이상 진행되지 않고 통풍도 더 잘 되도록 주위의 나무들도 조금씩 정리했다. 끝으로 토양에 영양을 공급하고 지지대를 걸어 만전을 기했다. 부인의 표정도 조금 밝아졌다. 돌아오는 봄, 이 매화는 분명히 정원을 가장 먼저 환하게 밝혀 주리라. 그때 즈음에는 산비둘기도 다시 와서 둥지를 틀겠지. 그리고 다시 산비둘기 부부는 이 매화나무를 자신들의 소중한 새끼들을 키울 장소로 선택할 것이다. 또한 건강해진 매화나무는 산비둘기를 지키고 가나모리 부인도 지켜 줄 것이다. 부부의 애정이 나무를 회복시켜 주는 가장 큰 '약'일지도 모르겠다.

과학의 힘과 나무 진단

진단치료 6

보이지 않는 곳을 진찰하는 기술

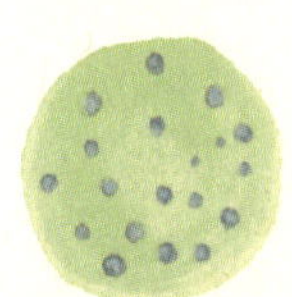

컴퓨터 화면에 사악, 선명한 화면이 떠오른다.

'대단해! 이렇게 선명하게 보이다니!'

놀람과 흥분으로 숨을 삼키는 나. 주위의 북적거림이 점점 더 커져 간다.

우리는 어떤 기계의 설명회에 참석하기 위해 와 있다. 모두들 '나도, 나도' 하면서 그 화상(畵像)을 들여다보느라 정신이 없다. 모니터에는 나무줄기 내부의 모습이 다섯 가지 색깔 정도로 구분되어 나타나고 있다. "이 갈색 부분은 건강한 곳입니다. 녹색, 청색, 그리고 자주색이 가장 많이 썩어 있는 부분입니다." 독일인 개발자와 동행한 대리점 사람의 설명이다.

독일에서 개발한 '피카스'라는 기계인데, 음파로 나무의 부후 상태를 조사하는 기계다. 그 화면은 지금까지 보고 싶어도 볼 수 없었던, 살아 있는 나무의 단층화상을 보여 준다. 사람으로 치면 CT기계나 마찬가지다.

지금까지 우리 나무의사들은 나무망치를 손에 들고 다니면서 자신의 경험과 감(感)에 의지해 나무줄기를 두드리면서 부후 상태를 추측해왔다. 물론 부후 상태는 외관으로도 어느 정도 판단할 수 있고 진단은 종합적으로 하는 것이기 때문에 그것만 중요한 것은 아니다. 나무망치로 두드려 어느 정도 위험하다 생각되는 나무는 세밀한 드릴이 붙어 있는 독일제 레지스토그래프 기계로 줄기에 구멍을 뚫고 그 저항치를 근거로 부후 정도를 세밀하게 조사한다. 하지만 이 방법을 쓰면 드릴이 줄기를 관통하기 때문에 나무가 상처를 입게 된다. 물론 중증의 나무는 이 방법에도 저항을 별로 느끼지 못하지만.

가장 곤란할 때는 엄청난 수령을 지닌 지정목이나 천연기념물 같은 귀중한 나무를 진단해야 할 경우다. 상처를 내면 부후균이 침입하기 쉬워진다. 가능하다면 현 상태 그대로 진단할 수 있으면 얼마나 좋을까, 계속 그런 생각을 해왔던 참이었다. 어떻게든 최소한의 상처로 좀 더 확실하게 부후 정도나 줄기 속 분포 상태를 알 수는 없는 걸까? 그렇게만 할 수 있으면 좀 더 자세한 대책을 세울 수 있을

진단해야 할 개서어나무

텐데. 얼핏 보면 멀쩡해 보이는 나무도 심각한 병에 걸려 있는 경우가 종종 있으니까. 또한 주위의 이해와 협력을 얻기 쉬운 방법이 있으면 얼마나 좋을까, 이런 생각도 무수히 많이 했었다.

피카스만 있으면 겉모습은 심각해 보여도 속은 그 정도가 아닐 경우, 채벌 등의 성급한 처치를 피할 수 있다. 그리고 나무는 우리 인간들처럼 고통이나 상태를 본인이 직접 호소할 수 없기 때문에, 아무래도 주관적인 진단을 하기 쉬운 측면이 있는데 그 점도 어느 정도는 예방할 수 있다.

피카스를 사용할 때도 줄기 주위에 못은 친다. 하지만 팍, 하고 몸통에 박는 것이 아니라 가볍게 나무껍질에 구멍을 뚫는 정도다. 그 침을 하나하나 가볍게 두드려, 발신되는 음파를 침에 붙은 센서가 감지한다. 줄기 내부로 전달되는 소리의 속도 차이를 컴퓨터가 분석해 이미지화해서 보여 주는 것이다. 송출되는 화상은 부후 정도마다 다른 색으로 구분되어 우리에게 새로운 경이감을 선사했다.

하지만 그만큼 피카스는 굉장히 고가의 제품이다. 과연 이 거금을 투자해 그에 맞는 이익을 올릴 수 있을까? 이 시장은 전문적 분야가

개서어나무를 진단하는 모습

타진점(打診点)이 되는 망치의 거리를 계측하
고 수목의 상태를 조사한다.

부착한 피카스의 타진점을 두드려 검사한다.

피카스의 타진점을 두드려 그 음파를 컴퓨터
로 해석한다.

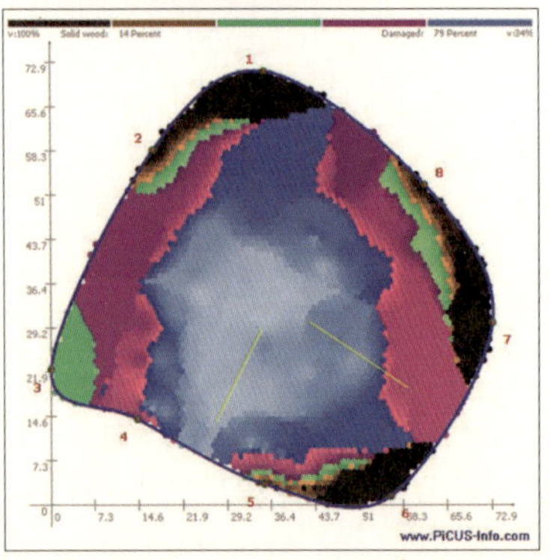

피카스

음파로 수목의 부후 상태를 계측해 이미지로
보여주는 기계
←개서어나무의 부후상태를 진단할 수 있는
피카스 화상

중심이니 그 정도로 많은 의뢰가 들어오리라고는 기대하기 힘들다. 그래서 나는 결국 그 기계를 나무의사 선배와 공동으로 구입하기로 했다. 그것도 나로서는 심호흡을 여러 번 해야 할 정도로 굉장히 대담한 결단이었다. 한 그루라도 더 많은 나무를 자세히 진단하고 싶다는 열의가 나를 강하게 밀어붙였던 것이다. 그 덕에 지금은 피카스 진단을 일본에서 가장 빨리 도입한 나무의사가 되어, 여기저기 다양한 현장에 기계와 함께 얼굴을 내밀 수 있게 되었다.

하지만 기계와 함께 일을 한다는 것은 여간 힘든 게 아니다. 준비가 제대로 되어 있지 않으면 매끄럽게 계측이 진행되지 않기 때문이다. 원인 불명의 트러블로 인해 갑자기 기계가 움직이지 않은 적도 있다. 그럴 때마다 많은 사람들 앞에서 이러지도 저러지도 못하고 평정심을 잃어버리고는 '이런! 바보 같은 기계!' 하면서 모든 걸 다 팽개쳐 버리고 싶어진다. 어쩌면 나는 이 기계 덕에 오히려 좀 더 트러블에 강해졌는지도 모르겠다.

언제나 가장 고마운 건 문제가 생겼을 때 현장에서 많은 사람이 도와준다는 점이다. 나무를 지키고 싶은 마음은 모두 다 똑같으니까.

화상 진단 결과
개서어나무의 부후 상태
피카스로 계측한 부후 상태는 청색이 가장 심한 것, 그 다음이 적색, 초록색이고, 멀쩡한 부분은 갈색으로 표현된다. 황색 선은 균열 등 조직이 끊어져 있고 나눠져 있는 개체로 금이 갔거나 굉장히 쇠약한 부분이다. 이 개서어나무에는 말굽버섯이 붙어 있는데 예상 이상으로 부후 상태가 많이 진행되어 있었다. 부후율은 79%로 거의 다 썩어 있다. 통상 50%를 넘으면 죽을 위험성이 높다고 판단해 채벌의 대상이 된다. 이 개서어나무는 보기에는 건강해 보였으나 뿌리 부분이 거꾸로 뒤집힐 우려가 있어 지지대를 하지 않으면 위험한 상태였다. 이처럼 피카스로 겉만 봐서는 알 수 없는 나무의 내부를 조사할 수가 있다.

어릴 때 소중히 간직했던 카세트 플레이어가 고장 난 적이 있었다. 그런데 전파상 오빠한테 수리를 맡기러 갔더니, 세상에, 멀쩡하게 움직이는 게 아닌가. 깜짝 놀라서 "정말이에요, 진짜 고장 났었어요. 거짓말 아니에요" 하고 말하니 전파상 오빠는 "기계도 마음이란 게 있거든. 혼날까봐 무서워서 날 보고 저절로 나아버린 거란다" 이렇게 대답했다. 아무 근거 없는 말도 안 되는 설명이었지만, 나는 오랫동안 그 말을 굳게 믿었었다.

그런데 이 전파상 오빠랑 똑같은 말을 최근에 만난 기계 전문가에게 들었다. 피카스에 문제가 생겼을 때 불렀던 전문가다.

"괜찮아요. 기계는 우리의 친구인걸요."

피카스로 인해 지금까지는 볼 수 없었던 부분을 상당히 분명하게 볼 수 있게 되었지만 역시 마지막에는 '나무의사의 판단'이 가장 중요하다. 기계와 사람이 좋은 친구 사이로 어떻게 최선의 콤비를 이루느냐가 관건이다.

가지에 매달려 있는 하얀 꽃

때죽나무

가지 사이에서 나무줄기 아래로 매달리듯 피어 있는 꽃

봄꽃이 한바탕 피었다 져버릴 즈음, 신록에 섞여 달콤한 향기로 샤워를 하는 나무가 있다. 작은 하얀 꽃을 다닥다닥 단 때죽나무다. 보통 많은 꽃과 나무들은 작은 새나 벌레를 불러들이고 태양을 향해 잎의 바깥쪽으로 꽃을 다는데, 때죽나무는 가지 사이에서 나무줄기 밑으로 매달듯이 꽃을 단다. '왜 이런 불편한 방법으로 꽃을 피울까?' 하고 이상하게 생각했는데, 아무튼 그 덕에 올려다보면 사랑스럽고 수많은 작은 꽃들이 나에게 고개 숙여 인사를 하는 것만 같아 기분 좋아진다.

때죽나무는 옆으로 뻗은 가지에 하얀 꽃이 매달려 있는 모습이 매우 아름답다. 그 광경을 즐기기 위해서는 가지치기를 되도록 하지 말고 자연스러운 나무 모양 그대로 두는 것이 좋다. 적당한 습기와 비옥한 토양을 좋아하며 반음지에서도 잘 자라지만, 가지 끝에 햇빛을 듬뿍 받게 하면 꽃이 더 잘 핀다.

튼튼한 체질에다 병충해에도 강해, 정원수로도 매우 훌륭한 나무라고 할 수 있다. 벌레가 꼬인다 해도 깍지진딧물이나 하늘소애벌레, 도롱이벌레 정도인데, 그때는 살충제 디프테렉스 유제 등을 일

찌감치 살포해 주면 좋다. 만일 가지 끝에 녹백색의 혹이 있다면, 그것은 때죽납작진딧물의 짓이다. 그럴 때에는 혹이 붙은 가지를 제거하도록 한다.

꽃이 지고 나면 눈깔사탕 같기도 하고 방울 같기도 한, 귀여운 열매가 대롱대롱 열린다. 금방이라도 딸랑딸랑 방울소리가 들릴 것 같아서 아무 생각 없이 손을 대고 싶어지지만, 그 열매의 껍질에는 사포닌이라는 유독성분이 포함되어 있으니 주의해야 한다.

초록이 점차 짙어지는 초여름의 도쿄 요요기공원. 그곳에 있는 때죽나무를 보고 있자니 새하얀 꽃이 강한 바람에 나부끼듯 흐드러지게 피어 있다. 바람이 잠잠해진 그 잠깐 동안의 틈을 놓칠세라 작은 벌들이 바쁘게 꽃에서 꽃으로 날아다닌다. 장관이다.

<구마모토일일신문> 2009. 5. 22.

작고 하얀 꽃을 촘촘히 달고 있는 때죽나무(도쿄 시부야구 요요기 공원)

장마철에 보는 새빨간 열매

소귀나무

손대면 과즙이 주르르 흘러나올 것처럼 싱싱한 열매

장마철이다. 습한 공기로 가득 찬 공원을 걷고 있는데 발밑에 작고 빨간 열매가 잔뜩 떨어져 있다. 한 알 한 알이 너무나 싱싱해 보여 톡 건드리기만 해도 생생한 과즙이 흘러나올 것 같다. 올려다보니 깊어질 대로 깊어진 푸르른 신록 속에 소귀나무 열매가 다닥다닥 달려있는 것이 보인다. 소귀나무는 정원수로 가장 대표적인 나무다. 나무형태가 정리하기 쉽고 관리도 어렵지 않기 때문에 굉장히 유용한 수목이다.

하지만 최근에는 서양종에 밀려 이 나무를 심는 사람이 많지 않다. 하지만 소귀나무를 허브나 베리류와 함께 심으면 수확의 재미를 즐길 수 있는 정원으로 꾸밀 수 있다.

소귀나무는 자웅이주(雌雄異株), 즉 암나무와 수나무가 분리되어 있는 나무라 과실을 따려면 암나무를 심어야 한다. 꽃가루는 바람에 의해 수분(受粉)하는 게 원칙이지만 최근에는 한 그루로도 열매를 맺을 수 있도록 접붙이기를 하는 경우도 있다. 해충으로는 깍지진딧물이나 권연벌레가 발생한다. 열매를 먹을 목적으로 심는 경우 살충제로 천연성분 식물유 등이 포함되어 있는 것을 사용하면 좋다.

또한 소귀나무에는 뿌리와 공생하는 뿌리혹세균이라는 균이 붙어있는데, 이 균이 수목에 영양분을 주는 역할을 수행하기 때문에 거름을 줄 필요가 거의 없다. 겨울철 건조방지를 위해 2월 즈음 퇴비를 주는 정도면 충분하다.

부드러워 보이는 새빨간 열매가 윤기 흐르는 초록 이파리 사이에 달려있는 광경을 보고 있노라면, 재빨리 그 열매를 손으로 따서 입으로 가져가고 싶어진다. 하지만 그대로 먹으면 굉장히 떫다. 시럽을 묻혀서 먹을 것을 권한다. 잼으로 만들기도 하고 화이트 리큐르(liqueur, 발효나 증류시킨 주정에 초근목피의 향료성분 등을 배합한 혼성주)에 담가 과실주로 해먹어도 좋다. 울적한 장마철에 활력소가 되는 소소한 즐거움이랄까.

소귀나무의 새빨간 색을 보고 있으면 어느새 장마가 갠 후 반짝이는 태양을 떠올리게 된다. 앞으로 비가 한 번씩 올 때마다 여름이 점점 가까워지겠지.

〈구마모토일일신문〉 2009. 6. 26.

깊고 푸르른 신록과 새빨간 열매가 멋진 대비를 이루고 있는 소귀나무
(도쿄 시부야구 요요기공원)

흔들리는 빛, 부드러운 경치

에이세이문고(永青文庫)의 푸른 단풍(靑楓)

도쿄도내라고는 생각할 수 없을 정도로 깊은 초록으로 둘러싸인 에이세이문고

울창한 상록수림 속에서 다른 것들과는 다른 연한 초록빛을 발견했다.

도저히 이곳이 도쿄라고 생각할 수 없을 정도로 깊은 신록으로 둘러싸인 에이세이문고(도쿄 분쿄구 메지로다이)는 호소카와 가문의 시설이다. 건물 흰색 벽에 섬세한 빛과 뭔가의 그림자가 살짝 살짝 반사되고 있다. 다가가 보니 단풍의 어린잎이다.

단풍나무는 빨갛게 물드는 단풍잎으로 유명한 나무지만, 한여름에 보는 파릇파릇한 이파리도 상당히 신선하고 아름답다. 특히 주위가 커다란 구실잣밤나무로 둘러싸여 있는 이 수풀림은 한가운데 봉긋 솟은 공간에 흔들리는 빛까지 더해져 탁월한 경치를 자랑한다. 이른바 푸른 단풍 그 자체다.

가지를 뻗은 방식을 보면 다른 수목과 협조해 그 모양을 만들어 나갔다는 걸 알 수 있다. 이런 유연한 나무형태 만들기는 단풍나무의 특징 중 하나다. 주위의 환경에 맞춰 자신의 가지를 뻗는 것이다. 극단적으로 큰 나무로 자라지도 않고 음지에서도 잘 자라기 때문에 단풍나무는 일반 가정에서도 쉽게 즐길 수 있는 나무 중

하나다.

단풍을 포함해 수목의 가지치기는 기본적으로는 되도록 적게 하는 것이 나무의 기세를 약하지 않게 하는 데 좋다. 특히 단풍나무는 가위를 사용하지 않고 손으로 꺾는 방법을 쓴다. 단풍나무 가지치기를 할 때에는 줄기에 가까운 가지나 이미 꺾어진 가지를 제거하는 것이 원칙이다. 수려하고도 엷은 수관(樹冠)이 단풍을 한층 아름답게 하기 때문이다.

그런데 왜 단풍나무는 손으로 직접 가지치기를 하는 걸까? 가지치기가 나무에 주는 영향을 실험한 도쿄대 농대 교수님에 따르면, 손으로 직접 부러뜨려야 약하고 부러지기 쉬운 가지를 골라 부러뜨릴 수 있고 부러진 자리의 재생이 더 자연스럽게 이루어지기 때문이라고 한다.

내가 에이세이문고를 방문했을 때에는 임제종(臨濟宗, 중국 불교 선종(禪宗) 5가(家)의 한 파)이 성했던 시기에 활동했던 하쿠인(白隱) 스님의 수묵화가 전시되어 있었다. 유머러스하면서도 먹색 일색의 조용한 세계가 호소카와 모리다츠 씨의 건강 회복에 분명 도움을 주었을 것이

〈구마모토일일신문〉 2008. 8. 1.

라는 생각이 든다.

창문 너머로 보이는 초록색 풍경도 먹의 농담(濃淡)으로 표현되지 않았을까 하는 마음에 그림을 더 자세히 들여다보니, 붓 자국이 희미한 부분이 마치 푸른 단풍으로 채워져 있는 것처럼 보인다.

* '푸른 단풍(靑楓)'이라는 단어는 보통 차를 마시는 자리 등에서 단풍을 가리켜 말할 때 쓰는 단어다(저자 주).

싱그러운 초록색 단풍나무 잎

안도감을 주는 과실

석 류

열매를 즐기기에 적합한, 둥글고 사랑스러운 1종 석류나무의 열매

여름 햇살에 투명하게 비치는 붉은 꽃을 달고 있던 석류나무.

그 꽃이 어느새 둥그런 과실로 변신했다.

터질듯 볼록하고 사랑스러운 모양의 껍질 속에는 싱그러운 과육이 무수히 들어차 있다.

영롱하게 반짝이는 과육 한 알 한 알에 마치 태양빛과 여름의 반짝임을 가두어 놓은 듯하다.

새콤달콤 입 안에서 터지는 석류의 맛은 어린 시절을 생각나게 한다. 추억에 잠기게 하는 맛이다. 내가 어렸을 때만 해도 우리시대는 아직 그런 즐거움을 기다리던 시대였다.

석류뿐 아니라 과실나무를 내 집 앞 뜰 풍경 속에 포함시킨다는 의미는 디자인 포인트로서도 물론 훌륭하지만, 뭐니 뭐니 해도 '먹는다'라는 커다란 기쁨을 느낄 수 있다는 데에서 찾을 수 있다. 석류 외에도 감이라든가 밤이라든가 귤같은, 가을에 달리기 시작하는 이 과일 열매들의 풍경은 사계절의 변화를 실감하게 해 준다.

과실류 나무들은 '보고' '먹고' 그리고 '안도감'을 준다는 매력을 갖고 있다. 원예치료 전문가에 의하면 과실나무는 특히 먹을 것이 없어서 어려움을 겪었던 세대의 분들에게 심리적으로 충족감이나 성취감을 주는 효과가 있다고 한다. 과실나무는 온 가족이 수확의 기쁨을 나누며 커뮤니케이션 할 수 있는 장을 만들어 주기도 한다. 게다가 그렇게 수확한 과일은 요리에 사용할 수도 있어 일석삼조다. 또한 과실이 있는 풍경은 오랜 세월에 걸쳐 친숙한 정원의 기능도 충실히 해왔다.

그런가 하면 석류나무 꽃은, 피는 꽃이 적은 여름 풍경에 귀중한 붉은색을 첨가해 준다. '홍일점'의 어원대로 깊은 초록이 무성한 잎들 사이에 선명한 붉은 꽃을 피우는 매력적인 나무다.

도쿄 메지로에는 귀자모신(鬼子母神)을 모시는 사찰이 있다. 나무를 진찰하기 위해 그곳을 방문했을 때 사찰 안 여기저기에서 그야말로 '그림 같은' 석류 풍경을 발견할 수 있었다. 석류가 모자(母子)를 지키는 귀자모신을 상징하는 과실이라는 걸 알게 되니, 석류가 지금보다 한층 더 친밀하게 느껴진다.

<구마모토일일신문> 2008. 9. 26.

꽃을 감상하려면 깊은 초록 수풀 속에서 붉은색의 자태를 자랑하는, 열매를 맺지 않는 8종 석류를 심는 것이 좋다.

사람과 나무의 행복을 위해 일하는
NPO법인 포에버 트리 네트워크

NPO법인 '포에버 트리 네트워크'란 무엇인가?

사람의 도움이 필요한 나무들을 살리기 위해 나무의사를 중심으로 녹색 전문가들이 모여 결성한 네트워크입니다. '사람들이 참여하기 쉬운 윈-윈(Win-Win) 환경보전 시스템을 만들자!'라는 설립이념을 기초로 NPO(Non-Profit Organization, 민간 비영리 단체)법인 '포에버 트리 네트워크'를 창립했습니다. 대표이사는 이 책의 저자인 오카야마 미즈호입니다.

지금까지 일본의 '나무치료'는 행정에 의한 보조나 지원에 의존해야만 하는 경우가 대부분이어서 '치료가 필요한 나무의 약 90%가 치료를 받지 못하고 있다'

고 할 정도로 위태로운 상황이었습니다. 우리 나무의사들도 '조상님들께 물려받은 나무를 우리 대에서 말라 죽게 만들고 싶지는 않다' '누구에게 치료를 부탁해야할지 모르겠다' '비용이 너무 많이 들어 주저하게 된다' 등 많은 분들이 말하는 어려움을 가슴 깊이 새겨들어 왔습니다. 그 목소리에 응답하고자 현재는 행정 지원 뿐 아니라 일반 사람들이나 기업, 법인 등, 많은 서포터들이 하나가 되어 '공동지원에 의한 나무치료'를 실시하고 있습니다.

'포에버 트리 네트워크'는 사람들과 행정기관, 기업과 법인이 서로 협동하여, '도움을 필요로 하는 나무들'에 대한 치료에 공동으로 참여합니다. 또 보다 넓게는 자연환경보전교육을 실시하는 네트워크를 만들어, 사람들이 참여하기 쉬운 원-윈 환경보전 시스템을 만드는데 도움을 주고 있습니다.

자연환경보전 네트워크가 하는 일

포에버 트리 프로젝트

'포에버 트리 네트워크'가 주최하는 이벤트 활동

'지역의 신목(神木)' '학교 나무' '역사가 있는 나무' '가로수' 캠페인

일반인들과 후원기업들이 함께 치료가 필요한 일본 각지의 신목, 그리고 학교 나무, 역사적으로 중요한 나무, 가로수 등의 치료에 참여·육성하는 프로젝트입니다. 나무의 진단치료, 수목·자연관찰회, 학교·법인대상 세미나·CSR(Corporate Social Responsibility, 기업의 사회적 책임) 활동지원 등을 포함하고 있습니다.

'나무의사 응원 강좌 프로젝트'

나무를 치료할 수 있는 자격, 즉 '나무의사'가 되기 위한 수험공부를 지원하는 프로젝트입니다. 포에버 트리 네트워크 소속 전문가가 충실한 강좌를 진행합니다. 세미나와 메일 첨삭 지도 등을 통해 출제 예상 문제 구성과 논술시험에 대비하기 위한 효과적인 커리큘럼으로 수험 포인트를 확실하게 정리해 줍니다.

'나무 지킴이 KIMORI 육성 프로젝트'

나무를 지키는 지식과 기술을 지닌 리더 육성을 목적으로 하는 프로젝트입니다. 육성 강좌를 수강하면 포에버 트리 네트워크 법인이 수여하는 '나무 지킴이' 인

정서가 수여되며, 포에버 트리 네트워크 주최 프로젝트의 프로젝트 리더가 될 수 있습니다.

'나무 네트워크 프로젝트'

'나무가 참 좋다, 자연이 정말 좋다'라고 생각하는 사람들에게 각지의 멋진 나무들과 연결고리를 만들어 주는 즐거운 이벤트와 정보를 제공하는 프로젝트입니다. 나무를 좋아하는 사람들 간의 교류를 심화시켜 나무를 즐기면서 나무에 대해 배우면서 환경보전을 할 수 있는 정보를 널리 퍼뜨리는 사이트를 운영하고 있습니다. 동일본 대지진 복구지원 프로젝트인 '피해지역 수목응원 프로젝트' 등의 이벤트를 실시했습니다.

NPO법인 포에버 트리 네트워크

info@forever-tree.org

http://www.forever-tree.org

나무가 가르쳐 주는 것

다른 식물들을 키우는
아름드리나무의 존재

나무는 대지

사방으로 반짝이는 황금색 기운을 뿌리는 가을의 대표선수, 은행나무.

가지는 너무 심하게 뻗었다 싶을 정도로 사방으로 뻗어 있고, 지탱하기 힘든 부분에는 버팀목을 받쳐 놓았다. 그 가지들은 계속해서 자라나 사람의 손이 닿지 않을 정도로 높은 곳까지 올라가 늘어져 있다.

국도(國道)에서 내려다보이는 이 거대한 은행나무는 '시모노죠 은행나무'라 불리는데, 많은 관광객이 이 나무를 보러 일부러 찾아올 정도로 유명하다. 가지가 사방으로 뻗은 모습이 마치 양팔을 벌리며 '어서 오세요, 환영합니다' 하고 인사를 하는 것처럼 보인다. 그뿐인가. 그 속으로 뛰어 들어가면 포근하게 꼭 안아주며 내 모든 것을 받아줄 것만 같다.

가지란 가지마다 전부 빽빽하게 달려 있는 은행 열매에서는 상당히 독특한 냄새가 난다. 이 은행 열매 한 알 한 알이 흔들리면 마치 신의 방울이 짤랑짤랑 울리는 소리가 들릴 것만 같다. 은행 열매는 볶아 먹으면 그 맛 또한 각별한데, 너무 많이 먹으면 좋지 않

'시모노죠 은행나무'(구마모토 아소군 오구니마치)

높이 20m, 둘레 12m, 가지 범위 40m, 추정 수령 100년 이상. 국가 지정 천연기념물. 은행잎
이 황금색으로 물드는 시기는 10월 중순~11월 초순으로, 야경을 위해 밤에는 조명을 켜 준다.
사진은 동절기의 모습이다.

다는 걸 알고 있으면서도 그만 하나만 더 하나만 더 하면서 껍질을 두 쪽으로 가르게 하는 그런 맛이다. 은행잎은 황금을 떠올리게 하는 금(金)색인데도 왜 그 이름에 '은(銀)'이 들어갈까 계속 궁금했었는데, 알고 보니 은행 열매 껍질 색깔 때문이라고 한다.

은행나무에는 가지 쪽에 매달린 것 같은 모습의 혹 비슷한 것이 생길 때가 있다. 여자의 가슴처럼 보인다고 해서 유방이라고 불리는데, 그 형태로 인해 은행나무에 소원을 빌면 순산을 하거나 모유가 잘 나온다는 설이 있다. 옛사람들이 가지가 휠 만큼 가득 달리는 은행 열매를 보면서 은행이 자식 복을 의미한다고 믿었으리라 상상하기는 어렵지 않다.

이 혹은 사실 뿌리의 일종으로 기근(氣根)이라고 하는 것이다. 좀처럼 다른 나무에서는 보기 힘든 모양새다. 가지에서 뿌리를 내다니 상당히 자유로운 발상이다.

줄기도 상당히 특이한데 '움돋이(풀이나 나무를 베어 낸 데서 새로 돋아 나오는 싹)'라 불리는 뿌리에서 성장한 가지가 몇 개나 올라와 있었다. 그것들이 원래의 나무를 둘러싸듯이 나 있어 하나의 큰 나무를 이루

나무의사가 알려 주는
나무 상식

움돋이

움돋이로 돋은 싹은 바로 잘라도 될까? 움돋이는 긴급한 상황에서 나무의 생명을 구하는 잎의 구급구명장치이므로 바로 자르지 말고 당분간 그대로 둔다. 자르는 것은 보통 2년 후가 좋다.

'시모노죠 은행나무'의 줄기에 많은 식물들이 착생(着生)하여 살고 있다.

고 있다. 말하자면 중심에 두꺼운 관이 있고 그 주위를 가느다란 관이 둘러싸고 있어 긴타로 엿(어떤 면을 잘라도 단면에 일본의 전설적인 영웅 긴타로의 얼굴이 나오게 만든 가늘고 긴 엿)을 세로로 세워 놓은 것 같은 형태를 하고 있다. 마치 가족이 하나로 뭉쳐 힘든 일에 대처하는 모습처럼 늠름하게 보이기도 한다. 이와 같은 성질은 험난한 환경에서도 유연하게 자신의 몸을 변화시켜 극복해온 은행나무의 강한 생명력을 나타낸다.

이 시모노죠 은행나무의 뿌리 근처에 있는 사당은 전국시대 무장의 어머니가 묻힌 묘라고 전해지는데, 그야말로 용감하고 강한 어머니의 마음이 깃들어 있는 나무라 할 수 있다.

'움돋이(히코바에)'라는 것은 '히코(자손, 싹)'라는 단어에서 유래한 이름이라고 한다. '은행(은빛 살구)'도 그렇고 '움돋이'도 그렇고 그 이름마다 각각의 의미를 지니고 있는 것이, 흔들림 없이 굳건한 옛날사람들의 감성이 느껴져 마음이 든든하다.

사실 이 '시모노죠 은행나무'는 '은행'이라는 자식과 '움돋이'라는 자손 이외에도 많은 것들을 껴안고 있다. 오래된 줄기에는 울퉁불

통한 부분이나 벌어진 틈새가 굉장히 많은데, 거기에 새가 물어온 것으로 보이는 씨앗이 떨어져 싹을 틔우고 성장하는 모습을 볼 수 있었다. 그곳이 땅보다 더 편안했던 걸까? 그 나무들은 종류도 다양한데 사철나무, 남천, 넉줄고사리, 사스레피나무 등 보통 야산에서 자라는 나무들이다. 이 나무들의 줄기는 은행나무를 유혹하듯 초록색 자태를 뽐내며 은행나무를 장식하고 있다. 물론 그 나무들도 자신의 뿌리를 확실하게 내리고 있어서 나무에서 나무가 자라는 상당히 진귀한 풍경을 연출한다.

이렇듯 은행나무는 이미 '나무 이상'의 존재가 되어 있었다. 숲을 만드는 엄마와 같은 대지가 되어 많은 생명을 기르고 있는 것이다. 큰 가지들이 받아들인 많은 빗물은 줄기를 타고 내려간다. 줄기를 타고 내려간 물은 그곳에 서식하는 작은 나무들을 촉촉하게 적셔준다. 잎 그림자 밑에서 직사광선을 피할 수 있는 것도 싹이 틀 무렵에는 고마운 일일 것이다. 또한 줄기 틈새로 적절하게 쌓인 부엽토는 부드러운 요람이 되어줄 것이다. 쇠딱따구리나 일본 청딱따구리가 뚫은 구멍도 여러 개 보인다. 아마 그 은행나무가 새들에게도 편안한 장소인 듯하다.

은행나무 한 그루에 하나의 커다란 공생의 고리가 만들어지면서 아름다운 숲과 같은 생태계가 구성되어 있는 것이다. 가끔 '겨우살이'라는 이름의, 다른 나무의 영양분을 가로채 착복하는 기생식물을 발견할 때도 있다. 나무의 가지를 마르게 하는 원인이 되기 때문에 나무의사의 입장에서는 제거하는 경우가 대부분이다. 은행나무에서 발견한 적은 없지만, 사실 그 겨우살이도 일반적으로는 나쁜 의미로 쓰이기보다 번영의 상징으로 인식되고 있다. 실제로 기생식물은 새의 먹이나 둥지가 되기도 하기 때문에 생태계 속에서는 중요한 식물이기도 하다. 기생을 하던 공생을 하던 자신 이외의 생명을 받아들이는 나무의 넉넉한 품은 우리 인간의 어머니의 품보다도 어쩌면 한 차원 더 깊고 숭고한 무엇인지도 모르겠다.

아이를 기르는 우리 어머니들의 근심은 끝이 없다. 하지만 어머니의 어머니 격인 은행나무가 있으니 안심이다. 어머니와 같은 대지를 품은 커다란 은행나무에 다가가서 응석을 부려보자. 인간 한 명쯤 더 품은들, 나무는 아무렇지도 않을 것이다.

자연 속에서 이루어지는 교육

작은 탐험가

자연 속에서 이루어지는 교육

'도시처럼 녹지가 적은 곳에서 자라는 아이는 불쌍하다'라는 말이 가끔씩 들리는데, 그 말을 가볍게 흘려들어서는 안 된다.

자연은 정말로 어마어마한 능력을 갖추고 있다. 하지만 그 능력은 감춰진 보석상자 같아서 평상시에는 사람 눈에 잘 띄지 않는다. 하지만 아주 작은 계기만 있어도 보석상자의 뚜껑은 열리고, 그 안에서 자연을 느낄 수 있는 감성이라는 보석이 넘쳐 나오게 된다.

나무의사가 된 후에는 아이들에게 환경교육을 해달라는 의뢰를 자주 받는다. 내 수업은 이름만 '교육'이지 거의 '재미있는 게임'으로 진행되기 때문에 온난화나 식량부족에 대한 정보를 사전에 공부할 필요가 없다. 예를 들면 동물가이드를 사용하여 힌트로 그 동물이 먹는 것이나 사는 곳을 말해 주면서 그 동물의 이름을 맞추는 식이다. '나는 누구?' 이렇게 물으면서 문제를 내는 사람이 곰곰이 생각해서 그 동물이 되어 보는 것이 포인트다. 출제하는 어른들이 창피해 해서는 안 된다. 그리고 먹는 자와 먹히는 자로 나눠서 하는 술래잡기 게임도 있다. 동물을 제대로 표현하려고 노력하면 할수록 더 스릴 만점이다.

식물의 특성이 적힌 카드를 사용하여 그 속에 쓰인 것을 모아 오는 게임이나, 팀으로 나눠 나뭇가지를 주워 모아 그 길이를 경쟁하는 게임 등도 상당히 인기가 좋다. 이런 게임을 할 때마다 항상 나는 '대체 어디서 이런 걸 가져오는 걸까?' 하고 혀를 내두르면서 아이들의 탐색 능력에 놀라게 된다.

조용히 눈앞 풍경을 시로 표현하는 게임도 있고, 눈가리개를 하고 숲 속에 묶어 놓은 로프를 통해 물소리나 나뭇가지 스치는 소리 등을 좀 더 집중해서 느끼는 게임도 있다. 이런 행동들이 쑥스러울 수 있는 나이의 아이들은 발표할 때 너무 조용해지기도 하지만, 아주 조금이라도 자연을 발견하는 시간을 갖는 것만으로도 귀중한 체험이 될 거라 생각한다.

이런 게임은 공원이나 녹지에서 하는 게 대부분이니 역시 도시 아이들은 불가능하겠군, 하고 생각할지 모르지만 그 예상을 기분 좋게 뒤집은 수업이 있었다. 주위는 아파트와 빌딩으로 둘러싸여 있고 커다란 아케이드 상가가 들어선 구마모토시의 번화가. 녹지라 할 만한 것은 길가의 느티나무 가로수 정도로, 주위에는 흙도 없

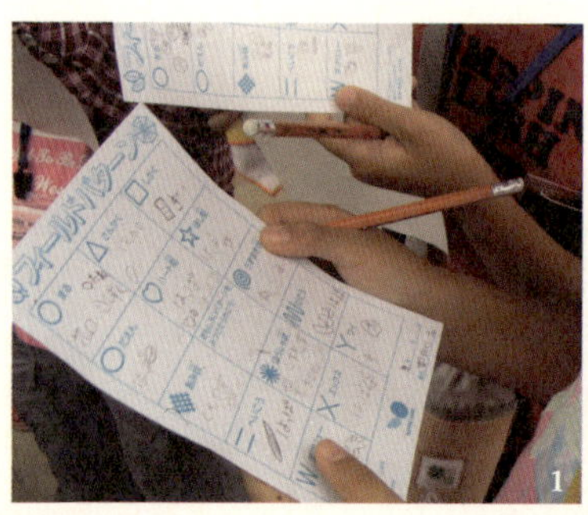

고 인공적인 건축물뿐인 곳에서 이루어진 수업이었다.

"자, 지금부터 이런 게임을 할 거야. 이 카드를 봐봐. 여러 가지 모양이 그려져 있지? 뱅글뱅글 돌아가는 회오리모양, 삼각형, 사각형이랑 동그라미도 있네. 이것과 똑같은 모양을 한 것을 찾아오는 거야. 단, 사람이 만든 것은 안 돼. 알았지?" 하고 내가 말하니 "에엣! 너무 어려워요! 이런 데에 있을 리가 없어요" 하면서 아이들이 여기저기서 작은 소리로 투덜거리기 시작한다. "괜찮아! 틀림없이 찾을 수 있을 거야. 열심히 찾아보는 거다. 그럼 시작!" 이렇게 나는 반강제로 아이들을 거리로 내쫓았다.

하지만 내심 조금은 걱정이 되었던 것도 사실이다. 시간이 너무 많이 걸리면 어떡하지? 그냥 포기해버리고 풀이 죽어버리면 어떡하지? 이런 마음으로 떠나는 아이들의 모습을 몰래 뒤에서 지켜봤다. 그런데 이럴 수가! 한 아이도 빠짐없이 눈동자를 빛내며 의기양양한 모습으로 돌아오는 게 아닌가. 얼핏 보면 그냥 초록색 덩어리로 보였던 식물들도 잘 살펴보면 잡초가 끼어들어 있어 다양한 형태를 찾을 수 있다. 가게 앞을 장식하고 있는 화분만 봐도 대나무를

네이처 게임
1 자연 속에 있는 여러 가지 모양을 찾는 데 사용하는 게임 카드.
   빙고게임과 비슷한 형태를 띠고 있다.
2 구마모토죠 내의 자연 속에서 '네이처 게임'을 통해 즐겁게 놀면서 배우는 아이들과 저자

비롯해 의외의 나무들이 심어져 있기도 하다. 이파리에 붙어 있는 작은 벌레는, 이런 혼잡하고 복잡한 도시에서 아이들이 설마 자신을 찾아내 주리라고는 꿈에도 몰랐을 것이다.

아이들은 계속해서 "찾았어요! 찾았어요!" 하면서 목소리도 힘차게 우리들을 부른다. 마을 속으로 잇달아 들어갔던 탐험가들은 예상을 크게 뛰어넘은 커다란 수확을 얻었다. 게임을 지도하는 것은 우리 어른들이지만 솔직히 말하면 오히려 우리가 배우는 게 훨씬 더 많다는 생각이 든다.

내 책상에는 항상 얇은 책 한 권이 놓여 있다. 표지에는 작은 쌍엽 새싹 사진이 인쇄되어 있다. 해양생물학자이며 작가인 레이첼 카슨이 쓴 《센스 오브 원더(The Sense of Wonder)》라는 세계적으로 유명한 책이다. 그 책에는 레이첼 카슨과 그의 조카 로자가 함께 만난 자연의 신비가 다정하고도 온화한 언어와 사진으로 묘사되어 있다. 그 책은 내 책상 위의 작은 오아시스다. 책을 열면 그 책은 언제나 이렇게 내게 말을 걸어온다.

'자신의 나무를 스스로 고르는' 게임을 통해 나무와 친구가 된 아이와 저자
(구마모토죠 니노마루공원)

"나는, 아이에게도 그렇고 어떤 식으로 아이를 교육해야 하나 골머리를 썩는 부모에게도 그렇고, '아는' 것은 '느끼는' 것의 반도 중요하지 않다고 굳게 믿고 있습니다."

그래서 나도 아이들과 같이 자연을 마주할 때에는 함께 느끼는 시간을 소중히 하려고 노력한다. 앞으로도 탐험가 대장은 아이들에게 맡기는 것이 가장 좋은 방법일 것 같다.

해일 소나무 향나무 그리고 희망

믿을 수 없는 광경이 TV화면에 비춰지고 있다. 대량의 물이 수많은 집들과 자동차, 마을 전체를 집어삼키면서 넘실대고, 부서진 건물 조각과 함께 가라앉는 마을은 장난감으로밖에 보이지 않았다. 바로 해일 때문이었다. 해저를 진원으로 한 지진에 의해 일어난 자연재해였다. 해일이 이렇게 무서운 것이었나? 경악을 금치 못하게 하는 영상을 앞에 두고 할 말을 잃었다. 2011년 3월 11일, 14시 46분. 도호쿠 지방을 덮친 대지진은 일본 관측사상 최대 수치인 진도(magnitude) 9.0, 사망자와 행방불명자가 2만 명 이상이라는 어마어마한 피해를 초래했다. 커다란 지진은 그것만으로도 공포를 느끼기 충분하다. 거기에 대해일까지 가세하면서 사람의 힘으로는 어떻게 해볼 수도 없는 파괴력을 지니게 된 것이다. 해일이 지나간 다음에는 화면에 비친 사람들을 제대로 쳐다볼 수 없을 정도로 비참한 광경이 펼쳐졌다.

많은 사람들의 피난소 생활이 시작되었고 어디라고 할 것 없이 몽땅 다 처참하게 파괴된 현장에는 희망 같은 건 어디에도 없어 보였다.

그 와중에 날아 들어온 희소식이 있었으니, 바로 리쿠젠타카타 마을의 '기적의 소나무' 뉴스였다. 아름다운 해안을 초록으로 물들였던 소나무 숲은 당연히 흔적도 없이 사라졌겠구나 하고 생각했는데 몇 천 그루나 되는 소나무들 중 딱 한 그루의 소나무가 살아남았고, 그 나무는 그 지방 사람들의 희망의 나무가 되었다는 이야기다. 그 엄청난 해일을 용케 견뎠다. 정말 기적의 나무다.

이제 지진이 일어난 지도 시간이 제법 흘렀고, 불편한 생활은 계속 되더라도 봄은 온다. 다른 피해지역에서도 벚꽃이 피는 등 피해를 초월한 나무들의 건강한 모습에 사람들의 마음이 치유받는다는 이야기가 전해진다. 나무들도 이렇게나 애를 쓰고 있다. 이렇게 애써서 우리 인간들을 위로해 주고 있는 것이다. 그 위로를 실감할 수 있는 일이 몇 번이나 있어서 나무에 관련된 일을 하는 사람 중 한 사람으로서 뿌듯하고 기뻤다. 그리고 이런 것이야말로 우리가 앞으로 만들어가야 할 과제가 아닐까 확신했다.

일본의 해안선은 넓고 얕은 곳이 적어 조수의 피해에 약하기 때문에 그 점을 보강하는 역할을 하는 것이 소나무 숲이다. 소나무는 뿌리가 깊고 곧은 뿌리를 땅속 깊숙이 발달시킨다. 곁뿌리는 가늘

향나무(후쿠시마 이와키시)
높이 13m, 둘레 2.6m, 이와키시 지정 보존수목

고 넓게 퍼져 모래흙 등 영양이 적은 토지에서도 잘 적응하는 것이 특징이다. 또한 균근(菌根)과 공생하여 영양이 빈약한 토지에서도 생육할 수 있기 때문에 모래언덕 등에서도 잘 자란다. 따라서 일본 각지에서 방조림(防潮林, 태풍·지진 등에 의한 파도나 해풍에 의한 염분 피해를 막기 위해 해안지대에 조성한 수림대)으로 활약하고 있다.

아직은 생활을 복구시키는 것이 최우선이지만 우리가 피해지역에 지원할 수 있는 것은 역시 수목 등을 통해 많은 분들의 마음에 활기를 불어넣는 일, 그리고 실제 방재에 도움이 되는 수목을 복구시키는 일일 것이다. 그런 생각으로 내가 이사상식을 맡고 있는 NPO 활동을 통해 그런 활동을 기획할 수 있지 않을까 그 가능성을 찾아본 결과, 최근에 겨우 후쿠시마를 조사할 수 있었다.

후쿠시마현 이와키시 역은 여전히 크고 아름다워서 지진이 할퀴고 간 흔적 따위는 전혀 찾아볼 수 없었다. 하지만 거기서 자동차로 해안선을 따라 달리다 보니 여기저기 쌓여 있는 돌조각들과 뒤집혀있는 배, 1층만 벽이 없는 집 등이 널려 있어서 그날의 공포가 다시 떠올랐다. 또한 방조림이 있었는지 없었는지에 따라 극명하게

산리쿠, 이와키, 이바라키, 보소의 따뜻한 해안에 드문드문 국지적으로 생긴 향나무 자생지가 있다. 이와키 해안에서는 시오야자키 등대, 에나 해안에서는 후박나무, 돈나무, 감탕나무 등과 함께 섞여 자라고 있는데 아름드리나무로 자라지는 않는다. 향나무는 나무줄기도 구부러지고 가지도 비스듬히 자라는 성질을 가지고 있기 때문에 변화무쌍한 나무 형태를 하고 있으며, 정원목을 위한 원예종으로도 만들어져 있다. 민가에 심을 때는 하류지의 신앙에 유래를 두고 있다고 하며 경관 유지에 중요한 나무다(보존수목 등 지정표식에서 발췌).

명암이 갈리는 모습도 볼 수 있었다. 빨갛게 변색된 잎은 소금기의 피해로 인한 것으로 해일에 저항했다는 증거다. 소나무 숲이 밀려오는 해일의 힘을 감퇴시켜 가옥을 지킨 것이다. 또한 숲 전면과 뒷면의 피해양상의 차이는 하늘과 땅 차이였다.

조금 뒤 우리는 숲속에서 해일을 정면으로 뒤집어쓴 게 틀림없는 커다란 향나무와 만났다. 하지만 너무 건강해 보여 순간 눈을 의심했다. 파릇파릇한 잎이 무성한 나무는 서 있는 모습조차 당당했다. 해일을 만난 건 틀림없어 보였다. 주위의 집들이 다 무너져 있었고 인가의 소나무도 새빨갛게 변색되어 있었기 때문이다. 그런데 어떻게 이 나무만 이렇게 멀쩡할까. 눈으로 보고도 믿을 수 없는 광경이었다.

마을 분들의 말에 따르면 해일의 높이는 약 7m 정도였다고 한다. 향나무는 측백나무과의 상록교목이다. 한때 유행했던 수목으로 학교나 공장 등에 많이 심었었다. 말하자면 내 머릿속의 향나무는 너무 평범해서 세련되지 못한 나무라는 인상이 있을 정도다. 그런데 지금 이렇게 보니 이럴 수가! 이 나무가 이렇게 멋진 나무였던

가? 눈부실 정도로 늠름했다. 마치 어린 시절에는 울보였던 남자 아이가 청년이 되니 갑자기 믿음직스러워진 것 같은 그런 느낌이다. 아니다. 그것보다 훨씬 더 굉장하다. 그곳에는 절망을 초월한 불굴의 혼이 있었다.

처음에는 "사진으로 남의 불행을 찍으러 왔냐?"며 험악한 눈길을 보내던 이 마을의 남자분도 우리의 목적이 나무 조사라는 것을 알고는 이 대단한 향나무에 대한 칭찬을 아끼지 않는다. "맞아요. 이 나무는 정말 아무렇지도 않았어요. 정말 강한 나무죠" 하고. 눈에 띄지 않는 곳에서 뜻밖의 용자(勇者)를 만난 나는, 왈칵 눈물이 나올 것 같았다. 향나무 옆에는 '이부키(息吹樹, 숨 쉬는 나무. 향나무와 발음이 같다)'라는 이름의 레스토랑이 있었다. 당연한 일이지만 문은 닫혀 있다. 정말 이 말 그대로구나. 향나무는 숨 쉬는 나무구나. 향나무는 항상 제대로 숨을 쉬고 있구나. 이런 생각이 들었다. 절대로 괜찮아. 온 세계가 일본을 걱정하고 있지만 분명히 반드시 새로운 부활의 숨결이 태어날 거야. 그렇게 믿게 해 주는 나무였다. 아직도 약간은 공기 중에 부패의 냄새가 섞여 있지만, 초여름의 상

1 방조림과 깨진 돌조각들
2 소금기로 인해 잎이 새빨갛게 변색된 소나무

쾌한 바닷바람이 내 앞을 스쳐 지나가며 향나무 가지 끝을 부드럽

게 쓰다듬는다.

나무의사가 본 버섯의 존재

나무가 낳은 아이 버섯

나무의사가 본 버섯의 존재

‘이거 먹을 수 있을까?’

버섯을 보면 바로 이런 생각이 든다. 항상 먹는 입장이니 이런 생각이 드는 것도 어쩔 수 없는 일이다.

하지만 숲에서 스스로 이 질문에 대해 판단을 하는 데에는 용기가 필요하다. 예전에 함께 산을 오르던 친구 중에는 팽나무버섯의 일종을 집으로 가져가서 가족들과 함께 찌개를 해먹었더니 맛있었다고 말하던 강심장 친구도 있긴 하지만.

만가닥버섯, 잎새버섯, 느타리버섯, 나도팽나무버섯, 그리고 송이버섯까지. 맛있는 버섯은 그 종류도 정말 다양하다. 물론 가장 맛있는 요리법은 튀겨 먹는 것이다. 곰보버섯까지 튀김으로 해먹은 적이 있다. 곰보버섯은 그 이름대로 곰보처럼 구멍이 뽕뽕 뚫려 있는 재밌는 모양의 버섯이다.

버섯은 마치 숲에 사는, 옛날이야기에 나오는 소인국의 소인 같다. ‘나무의 아이’를 의미하는 ‘버섯’(일본어로 버섯은 ‘키노코(木の子)’, 풀어 해석하면 나무의 아이라는 뜻)이라는 이름이 붙여진 것도 수긍이 간다. 말쑥한 외양과 주르르 즙이 흘러나올 것 같은 부드럽고 탄력 있는 식감.

버섯의 참맛을 제대로 느끼려면 소금만 살짝 뿌려 먹어보길 바란다. 입에 넣는 순간 풍부한 숲의 향기가 확 퍼지는 걸 느낄 수 있을 것이다. 물론 먹기에 적당하지 않은 새빨간 광대버섯이나 화경버섯 같은 것도 있다. 숲속의 소인들은 모두 고심 고심해서 의상을 골라 입고 우리의 마음을 떠보고 있다. 또한 버섯은 식용으로 직접 먹을 수 있을 뿐만 아니라 새로운 의약품 개발자원이라는 약효의 측면에서도 매우 유용하다. 여러 가지 측면에서 우리 인간과 깊은 관계를 맺고 있는 것이다.

그런데 환경을 바꿔 도시 한가운데로 나와 보면 어떤가? 버섯이 과연 있기나 한가? 그런데 있다, 있다! 놀랍게도 도시 한가운데에서도 많은 버섯이 늠름하게 살아 있다. 가로수나 공원의 나무에도 도시의 아이들인 소인들이 살고 있다.

버섯이라고 하면 일반적으로 갓을 쓴 모양을 떠올리지만 사실 그렇지 않은 모양의 버섯도 상당히 많다. 말굽버섯 같이 직접 나무에 붙은 삿갓모양만 가진 버섯도 있는가 하면, 운지버섯은 작은 갓을 여러 개나 빽빽하게 갖고 있어서 마치 기왓장을 겹쳐 놓은 것 같은

186

팽나무에 붙은 '말굽버섯'이라는 버섯

모습이다. 고약버섯이라는 버섯은 갓 비슷한 모양도 없이 나뭇가지에 착 달라붙어 있다. 뭐랄까, 언뜻 보면 상처나 얼룩으로 보이는 색이나 형태를 가지고 있다.

하지만 유감스럽게도 나무의사인 내 입장에서 보면, 길가에서 보는 버섯들은 사실 친구라고 말할 수 없는 관계에 있다. 게다가 나는 버섯을 보면 버섯이라는 근사한 명칭이 아니라, '부후균(腐朽菌)'이라고 진료 차트에 기록한다. 그렇다. 버섯은 나무를 썩게 한다. 사실 나무에게는 상당히 무서운 존재인 것이다.

꽃구경하러 나가면 가장 흔하게 볼 수 있는 벚꽃나무 종류인 왕벚꽃(소메이요시노)에는 말굽버섯이 자주 붙어 있다. 이 말굽버섯은 상당히 부후력이 강해서 나무의 안쪽 속을 먹어 버린다. 동굴이나 부패부분을 만들어 나무를 죽게 하거나 시들게 하는 원인이 되기도 하는 것이다. 먹어도 맛있는 뽕나무버섯도 사실 강력한 녀석이다. 그 작은 몸으로 수령이 몇 백 년이나 된 큰 느티나무도 엄청나게 괴롭힌다. 가로수에서 발견한 경우에는 이미 손쓰기 늦은 경우다. 그럴 때는 위험한 나무로 분류되어 철거한다. 하지만 소중히 관리

버섯
버섯이 자라고 있다? 이미 조직을 다 먹어버렸기 때문에 지금 떼어내도 시기적으로 이미 늦었다고 할 수 있다.

되고 있는 기념수인 경우에는 나무의사들이 전력을 다해 치료한다. 썩은 부분을 제거하고 살균을 하거나 나무의 기력을 되찾게 하여 부후균과 싸울 수 있도록 토양을 개량시키기도 한다.

버섯은 정말 상당히 골치 아픈 존재다. 다 떼어냈다고 생각해도 다시 나타난다. 눈에 보이는 버섯 부분만 떼어내는 것은 별 의미가 없다. 그 모습은 이미 나무 안쪽을 균사상태에서 다 먹어치워 버리고 자손을 남기기 위해 바깥쪽으로 나와 포자를 날리기 위한 모습이기 때문이다. 또한 동굴을 막아 버리면 습도가 더 높아져 오히려 부후균의 번식을 부채질하는 결과를 초래한다.

현장에 가면 이미 손쓸 수 없이 약해진 나무가 부지기수다. 한 치의 양보도 없는 부후균과 나무의사의 싸움. 동물도 아니고 식물도 아닌 이 '균'이라는 생물은 대체 뭘까? 그들은 평생 동안 같은 개체라고는 생각할 수 없을 만큼의 다양한 변신을 반복하면서 자유자재로 세상을 누비고 다닌다. 잘 생각해 보면 된장이나 낫토(생청국장)도 버섯의 먼 친척뻘이다. 그러니까 사실은 상당히 인간에게 은혜를 많이 베푸는 존재다.

밤나무에 붙은 느타리버섯

만일 버섯이 없었으면 어땠을까?

1억3500년 전 공룡시대에는 아직 버섯이 등장하지 않았다고 한다. 따라서 그때의 나무와 식물은 균류에게 먹히는 일 없이 축적되었고, 그 결과 우리는 지금 석유 같은 석화연료를 아주 유용하게 사용하고 있다. 만일 균류가 나무를 분해하지 않는다면 숲은 죽은 나무로 가득 차버릴 것이다. 곤충이나 동물의 사해도 그대로 있을 것이다. 생각만 해도 좀 으스스하다. 하지만 도움이 되거나 피해가 되거나 정작 본인인 버섯은 별로 신경 쓰지 않는 것 같기도 하다.

식물도 아니고 동물도 아니면서 지구에서 살고 있는, 우리의 신비로운 친구.

내 주위 여기저기에 존재하는 그들의 악의 없는 웃음소리가 들리는 것 같다.

상록수 소나무

쿠르르 콰광! 커다란 파도가 으르렁거리며 바닷가에 밀어닥친다. 겹겹이 싸인 새파란 파도가 부서지며 새하얀 거품으로 변한다. 하늘을 덮어버릴 정도로 높은 파도는 눈 깜짝할 사이에 나를 집어삼키고 깊은 바다 속으로 사라진다.

하마리큐온시정원(도쿄 츄오구)에 있는 '3백 년 소나무' 앞에 서면 그런 광경이 펼쳐지는 것 같다. 강인해 보이는 굵은 줄기는 구불구불 구부러져 육지로 밀려들어오는 파도처럼 뻗어 있고 윤기가 흐르는 매끄러운 나무껍질은 하얀 파도처럼 빛을 반사하며 반짝인다. 파릇파릇하고 뾰족한 잎사귀는 기세 좋게 부서지는 파도처럼 기운이 넘친다. 바다 옆에 있는 정원의 소나무라서 그런 풍경이 보이는 걸까? 지금까지 소나무에서 자연의 강한 생명력이나 아름다움을 강하게 느꼈던 적이 없었기 때문에, 이런 생소한 느낌에 스스로도 조금 놀랐다.

'일본의 나무, 하면 소나무'라는 말이 있을 정도로 대표적인 나무가 소나무지만 최근 개인 주택에서는 별로 볼 수 없게 되었다. 오래된 정원을 재정비하고 싶다는 의뢰가 들어와서 가 보면 대부분

소나무나 편백나무가 있는 일본식 정원을 서양식으로 개조해달라
는 이야기다. 일본식 정원은 손질하는 게 어렵기도 하고 또한 서
양식 건축물이 늘면서 외관 디자인이랑 안 어울린다는 이유에서다.
또한 소나무는 꽃도 보통 일반적인 꽃 모양이 아니라 사실 좀 초
라하게 느껴지기도 한다.

"송화(松花) / 꽃 축에 끼지도 못하는 꽃 / 그 사람은 봐주지도 않는
데 / 열심히 피는구나."

〈만요슈〉(萬葉集, 일본에서 가장 오래된 시가(詩歌)집)에서도 이렇게 읊고 있다.
현대적 해석은 다음과 같다. "그 사람은 그게 소나무의 꽃인 줄도
모르는데 부질없이 계속해서 피는 송화. 그 모습이 마치 나와 같구
나." 여기서 '송화'는 화자(話者) 자신이다. '결실을 맺지 못하는 사랑
을 계속해서 기다리는 모습'을 '소나무'에 비유한 것이리라.
실제로도 소나무는 굉장히 인내심이 강한 나무라서 혹독한 가지
치기로 잎을 상당히 많이 쳐내도 그냥 그 모습 그대로 견뎌낸다.

다른 활엽수 등은 도부키(胴吹き) 혹은 야고(ヤゴ)라고 해서, 줄기나 뿌리 끝에서 긴급구명장치 같은 잔가지를 뻗는데, 소나무는 그런 것도 없이 묵묵히 그냥 견딘다. 한편 산에 있는 적송(赤松)은 산등성이 등 부엽토가 적은 빈약한 토지에서도 자주 발견되는데, 균근균(菌根菌) 등을 뿌리에 공생시켜 영리하게 생존하는 기술을 가지고 있기 때문이다. 사실 송이도 이 공생균의 친구로 가을에 사람들의 입맛을 살려주고 있는 존재다.

어릴 때 해수욕장에 놀러 가면 항상 모래사장에서 맨발 밑으로 솔잎이 밟혀 따끔따끔했던 기억이 난다. 일본의 많은 해안 지역에는 모래 제방을 위해 흑송(黑松)을 대량으로 심어 놓았다. 따라서 일본 전국 각지의 해안에는 역사가 유구한 사방림(砂防林, 산이나 바닷가에 있는 흙이나 모래가 비에 떠내려가는 것을 막기 위하여 조성한 숲)이 아름답게 초록색으로 펼쳐져 있다. '백사청송'이라는 풍경은 이름도 없는 많은 사람들의 느긋한 노력에 의해 몇 백 년에 걸쳐 만들어져, 현대에도 모래 날림 현상이나 조해(潮害, 간석지에 만든 농지에 조수가 들어서 생기는 피해), 토사 유출, 수원함양(水原涵養, 수원이 마르거나 홍수가 나는 것)에 맞서 우리 생활

하마리큐온시정원의 흑송(도쿄 추오구)

도립공원이자 특별명승지인 하마리큐온시정원의 면적은 250,215.72㎡다. 높이 10m, 둘레 4.4m, 정면에서 본 가지 길이 17.7m, 줄기에서 가지 끝까지의 길이 17.3m. 사진은 정원 입구 근처에 있는 흑송이다.

을 안전하게 지켜주고 있다.

이미 10년도 훨씬 더 전에 신문 투고란이 이런 기사가 난 적이 있다.

"산에 있는 많은 소나무가 일제히 빨갛게 변했다. 소나무도 단풍이
드나? 참 이상한 일이다."

소나무는 상록수라 계절에 따라 단풍이 들거나 잎의 색이 변하거
나 하는 일은 없다. 이렇게 솔잎이 빨갛게 변했다는 것은 무시무시
한 병마가 소나무를 공격했다는 징후다.

소나무선충(재선충)이라는, 겨우 1mm 밖에 안 되는 선충이 전국의
소나무를 괴롭혔던 것이다. 이 작은 선충이 나무줄기 내에 잠입해
세포를 파괴하고 나무진(樹脂, 소나무나 전나무 등의 나무에서 분비하는 점도가
높은 액체) 분비에 장애를 일으키는 사이에 소나무는 시들시들하다가
고사(枯死)하기에 이른다.

도대체 이 선충은 어디에서 온 걸까. 그 오랜 세월동안 아무 일도
없었는데.

196

흑송이 피워 낸 꽃의 흔적

아마도 아득히 먼 바다를 건너 북미에서 온 게 아닐까 추측된다. 수입되는 나무 속에 몰래 숨어 있다가 일본의 솔수염하늘소를 매개체로 삼아 상륙한 것이다. 맞다. 선충들은 하늘소에 자신의 몸을 맡겨 건너와서 소나무 싹이나 나무껍질에 나 있는 상처를 통해 나무줄기 안으로 침입했다. 그리고 이 병에 면역력이 전혀 없었던 일본의 소나무를 순식간에 말려 죽이기 시작했던 것이다. 하늘에서 약제를 살포하는 공중살포도 시행하고 있지만 하늘소를 포식하는 오색딱따구리 등의 조류 피해도 발생할 수 있기 때문에 현재에는 생태계도 함께 배려한 대책이 진행되고 있다. 북미에서는 또 반대로 야생 밤나무가 아시아에서 온 병원균으로 인해 괴멸되었다는 예가 보고된 바 있다. 수출입과 관련된 위험은 이렇듯 우리 생활의 먼 곳에서부터 우리도 모르는 새에 슬금슬금 다가온다.

하지만 이 '3백 년 소나무'는 선충의 피해 같은 건 전혀 받은 흔적 없이 깨끗하고 푸르른 상록수 잎이 아주 무성하다. 이곳에 소나무를 심은 것은 에도막부 제6대 쇼군인 도쿠가와 이에노부라고 한다. 도쿠가와 이에노부는 동물살생금지령과 주세(酒税)를 폐지한 쇼군

198

1 1년 내내 푸른 잎을 통해 영원한 생명을 느끼게 해주는 흑송

2 흑송의 전경

으로 백성에게 인기가 높고 기골이 장대한 인물이었다고 한다. 하지만 재임기간은 겨우 3년. 뜻을 펼치기 시작하자마자 세상을 떠났다. 이 '3백 년 소나무'의 변하지 않는 초록색에 쇼군의 정열이 남아 있는 것인지도 모르겠다. 나무에는 시간을 초월하는 힘이 있다. 휘어진 가지 하나하나가 파도가 되어 내게 그의 열정적인 마음을 전해 준다.

'3백 년 소나무'

약 3백 년 전인 1709년 제6대 쇼군인 도쿠가와 이에노부가 하마리큐온시정원을 대대적으로 개조하면서 심었다고 전해진다. 그때부터 '하마고텐'으로 정원 이름이 바뀌었다. 이 나무는 굵은 줄기가 낮고 넓게 퍼져 있어 당당한 자태를 자랑한다. 도쿠가와 이에노부의 위업을 표현하듯 웅장하게 뻗어 있는 모습은 옛 시절을 떠올리게 한다. 도쿄도내에서도 최대급의 흑송이다.

일본의 자연을 응축한 나무들의 아지트

신비의 섬 야쿠시마

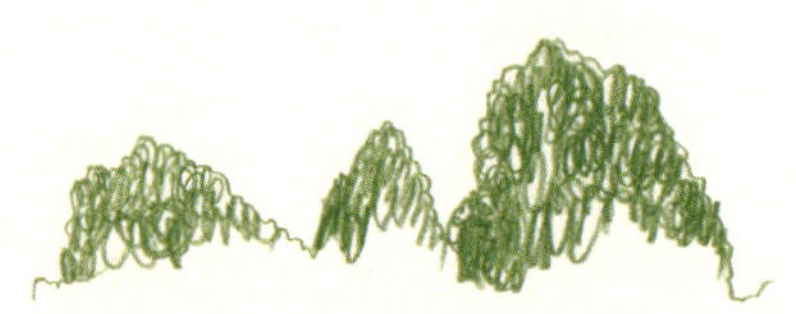

일본의 자연을 응축한 나무들의 아지트

여기는 대체 어딜까? 보이는 모든 것이 눈에 익숙한 규격을 훌쩍 뛰어 넘는 풍경뿐이다. 바위도 나무도, 눈에 띄는 모든 것이 전부 거대하다. 혹시 나는 거인국에서 길을 잃은 걸까? 이건 마치《걸리버 여행기》속 세상 같다.

이렇게 큰 섬배롱나무는 본 적이 없다! 노각나무가 이렇게나 커질 수 있다니! 붉은 빛을 띠면서 윤기가 잘잘 흐르는 나무껍질을 가진 거목 무리가 휘황찬란한 드레스를 입은 슈퍼모델처럼 패션쇼를 하듯 연이어 모습을 드러낸다. 내게 나무란 보통 우아하지만 그만큼 덧없고 연약한 인상을 주는 존재였는데, 나무의 뜻밖의 강렬한 모습에 압도되는 순간을 경험했다. 등산길 옆 비탈길을 따라 흐르는 강가 바위는 그 크기가 덤프트럭만 하다. 솔직히 처음 산을 오르기 시작할 때만 하더라도 이렇게까지 큰 줄은 몰랐다. 이젠 흐르는 시냇물의 물살마저도 거대한 바위에 지지 않고 엄청난 기세로 물보라를 일으키는 것처럼 느껴진다.

극적으로 변하는 산의 모습은 소문으로 듣던 것보다 훨씬 더 감동적이었다. 이른 봄의 산은 차갑고 단단한 공기로 둘러싸여 있고 싹

오코노타키(폭포)(가고시마 구계군 야쿠시마 구리오)

낙차 88m, 가고시마현 도로 78번과 가까운 곳에 위치하며 등산로, 해안에서도 제법 가깝다. 퇴적암이 숙성·변성되어 만들어진 혼펠스(hornfels, 접촉변성작용에 의해 형성되며 조직에 방향성이 없이 모자이크 구조를 띤 세립질 변성암) 암반을 흘러내린다. 일본 폭포 100선 중 하나다. 사진_오야마 히로유키

트기 직전의 가지 끝은 몸을 떨면서 싹을 기다리고 있다. 항구에 도착했을 때만 해도 남국의 정취를 즐기고 있었는데, 그 너머로 보이는 건 미야노우라다케(宮之浦岳)를 아직도 장식하고 있는 하얀 눈이다. 아무렇지도 않게 불쑥불쑥 나타나는 사슴과 원숭이들은 우리를 보고 '뭘 그렇게 놀라나' 하며 냉소하는 것처럼 보였다.

한 달 중 35일은 비가 내린다는 우스갯소리가 있을 만큼 비가 자주 오는 야쿠시마지만, 날씨 운이 좋은 내가 머문 3일 동안은 맑은 날씨가 계속되었다. "어차피 비가 올 거니까 모자 같은 건 필요 없어요' 하고 조언을 해 주었던 등산 리더에게, 쨍쨍 내리쬐는 햇빛을 그대로 받으며 나는 "이야기가 다르잖아요" 하며 투덜거렸다.

험준한 지형을 가진 야쿠시마(가고시마현)는 일본 전체의 기후를 껴안고 산기슭을 거슬러 올라가는 기류가 생성해 내는 경이적인 강우량으로 인해, 섬 전체가 수경재배 환경인 '신비로운 세상'이 되었다.

이야기가 달랐던 건 날씨만이 아니었다. 하이킹보다 약간 더 힘든 등산 코스 정도라고 들었던 나와 친구는 윌슨카부 그루터기(1914년 미국의 식물학자인 윌슨 박사가 조사하면서 발견되었기 때문에 붙은 이름)에 도착했을

그루터기 갱신

에도시대에 채벌된 야쿠시마 삼나무 그루터기가 많이 남아 있어, 그와 같은 그루터기 위에 다시 새로운 야쿠시마 삼나무가 자라는 현상을 말한다.

조몬삼나무(가고시마 구게군 야쿠시마)

높이 30m, 둘레 16.1m, 추정 수령 4000년 이상. 세계문화유산에 등재. 국가 지정 특별천연 기념물. 야쿠시마에 자생하는 최대급 야쿠시마 삼나무. 나무를 만지지 못하도록 주위에 담을 둘러 놓았다. 사진_오야마 히로유키

때 이미 완전히 숨이 턱에 닿고 무릎이 꺾여 버렸다. 목표지인 조몬삼나무까지 편도로 5시간 이상 코스이니 그도 그럴 만하다. 절대 얕잡아 본 건 아니었는데 그래도 마음가짐이 좀 느슨했던 것 같다. 듣자 하니 등산길을 조금 벗어나면 백골사체가 굴러다닌다는 무시무시한 이야기도 있다고.

이끼가 긴 바위 표면과 줄기를 쓰다듬듯 습기를 가득 머금은 공기가 하얗게 연기처럼 피어오른다. 아름다운 숲의 풍경 그 안쪽으로 사람에게는 절대로 보여 주지 않는 산의 진짜 얼굴이 있다는 것을 직감할 수 있었다. 그곳은 사람을 거부하는 울창한 숲이면서 또 동시에 사람과의 관계가 굉장히 깊다는 것을 이해할 수 있는 신기한 곳이었다. 윌슨카부 그루터기만 봐도 그렇다. 줄기 둘레만 해도 14m에 이르는 그루터기지만 그것 역시 사람이 잘라 낸 흔적이고, '그루터기 갱신(更新, p203 참조)'이라는 야쿠시마 특유의 숲 시스템을 여기저기에서 확인할 수 있는 것이다.

등산길을 걷다 보니 놀랍게도 나무 밑을 지나가야 하는 경우가 몇 번이나 있었다. 뿌리가 위로 올라가서 터널처럼 되어 있는, 다리가

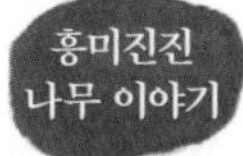

조몬삼나무

조몬삼나무라는 이름의 유래는 당시 추정 수령이 4000년 이상이니 조몬시대 때부터 살아온 나무이기 때문이라는 설과, 제멋대로 자유롭게 구부러진 줄기의 조형이 조몬토기와 닮았기 때문이라는 설이 있다.

긴 삼나무가 많이 있었기 때문이다. 사람이 통과할 정도니까 상당히 큰 나무다.

작은 씨앗은 쓰러진 나무나 잘라진 그루터기 위에 살짝 착륙하여 빛과 수분을 듬뿍 받는 무균실과 같은 그루터기 위에서 성장을 시작한다. 그루터기는 영양원의 역할을 하면서 결국에는 썩어서 없어지게 된다. 그러고 나면 그루터기가 있던 자리에 뻥 뚫린 터널과도 같은 공간이 생기는 것이다. 인간은 숲을 살리면서 또 이용하고 있었던 셈이다.

윌슨카부 그루터기 안에도 사람이 들어간다. 조금씩 들어오는 빛은 신성하게 솟아나는 물을 반짝이게 한다. 차가운 물을 입에 한 모금 물고 나니, 다시 한 번 힘을 낼 수 있는 기력이 돌아왔다. 사이가 너무 좋아서 서로 내민 손이 붙어버린 부부 삼나무도 피곤한 우리들에게 따뜻한 미소를 보여 준다. 조금만 더, 조금만 더, 스스로를 다독이며 계속해서 산을 오른다.

체력이 거의 한계에 다다랐을 때, 우리 눈앞에 드디어 '그 유명한 스타'가 나타났다. 마치 땅에서 솟아오르는 불길과도 같은 나무

표면. 나무껍질은 초록색과 은색으로 빛나고 있다. 고통스러움과 위엄이 뒤섞인 풍채를 갖추고 있는 조몬삼나무다. 너무 유명한 몸이시라 지금은 그 나무 표면을 만지는 것조차 불가능하다. 다가갈 수 없도록 조치를 취해 놓았기 때문이다. 산속이라고는 생각할 수 없을 정도로 사람들이 바글거리는 나무판대기 위에 서서 바라보는 수밖에. 수령은 추정 4000년이라고 들었는데 정확한 추정은 불가능하다. 6000년, 7000년이라는 설도 있다. 이 나무는 '나는 야쿠시마의 숲 전체를 다 알고 있다'는 얼굴을 하고 있었다. 거칠어진 숨이 진정되기 시작하니, 이제는 '조몬삼나무' 뒤로 세속되는 유구한 시간의 흐름이 희미하게 느껴지는 것 같다. 마지막의 마지막까지 와서 또 다시 신비한 세상의 문을 발견한 것 느낌이 드는 신기한 경험이었다.

빗자루 모양의 아름다운 나무 형태

느티나무

물들기 시작한 느티나무 잎. 단풍의 색은 유전적으로 정해져 있다.

아침저녁으로 부쩍 서늘해졌다. 하늘은 파랗고 높고 또 맑다. 햇빛을 듬뿍 받은 초록 잎들도 슬슬 자신의 역할을 다했다는 듯한 모습이고 요요기공원(도쿄 시부야구)의 느티나무도 빨강, 주황, 노랑으로 엷게 색을 입기 시작했다.

단풍의 색은 유전적으로 정해져 있다. 때문에 처음 나무를 심을 때 선택하기에 따라, 한 가지 색으로 통일할 수도 있고 다양하게 섞을 수도 있어 색 배열을 마음껏 즐기는 게 가능하다. 모양은 뭐니 뭐니 해도 빗자루 모양의 나무가 형태상 가장 아름답고, 낙엽이 진 후에도 보기 좋다.

이 아름다운 자연 수목의 형태를 보존하려면 가지를 마구잡이로 잘라내서는 안 된다. 가지치기가 필요한 시기에는 새로 나는 가지를 신중하게 선택하는 것이 중요하다. 가끔 나무줄기 바깥쪽을 일직선으로 잘라 놓은 느티나무를 볼 수 있는데, 그런 식으로 가지를 치면 가지 끝에서 한꺼번에 가느다란 가지들이 마구 나기 때문에 모양이 보기 싫어진다. 또 가지가 갑자기 너무 많이 몰리게 되면 벌레도 생기기 쉬워 결국 나무의 건강에도 악영향을 미친다.

느티나무 해충은 잎 위에 혹을 만드는 진딧물로 알려져 있다. 하지만 대량으로 발생하지 않는 한 별로 문제될 건 없다. 구제하려면 성충이 날개가 돋는 3월 하순에서 4월 중순 사이에 살충제를 살포하면 된다. 다만 진딧물은 여름에는 가까이에 있는 작은 대나무류에서 지내고 가을에 느티나무로 돌아와서 월동을 하기 때문에, 그런 사이클을 고려하지 않으면 계속해서 발생할 수 있다.

진딧물은 무당벌레 같은 천적이 존재한다. 균형을 깨뜨리지 않으면서 다양한 종류의 생물이 살 수 있는 환경이 되도록 주의를 기울여 나무를 심는 것이 중요하다. 부드러운 부엽토분이 많은 건강한 토양을 유지하고 통풍이 잘 되게 하면 해충만 발생하는 일은 없다.

느티나무는 아름드리나무로 자란다. 따라서 개인주택 마당이나 정원에서 키우기에는 부적절할지도 모르겠다. 집 마당에서 느티나무를 감상하고 싶을 때에는 무사시노 느티나무라는, 나무줄기가 별로 많이 퍼지지 않는 원예품종이 있으니 그걸 추천한다.

다양한 색깔의 느티나무 단풍은 멀리서 바라보면 다양한 색들이 서로 정교하게 맞물려 있는 것이 꼭 한 폭의 점묘화처럼 아름답다.

〈구마모토일일신문〉 2009. 10. 23.

낙엽 밟는 소리가 가을이 깊어가는 것을 실감하게 해 준다.

빗자루 모양의 나무 형태가 매우 아름다운 느티나무

중후한 레드와인 색

미국산딸나무 단풍

밝은 색의 붉은 열매가 단풍잎에 색다른 포인트를 더해 준다.

바람이 갑자기 차가워지더니 발밑에 작은 회오리바람이 일어난다. 바스락바스락 소리를 내며 빨갛고 노란 여러 가지 형태의 나뭇잎이 빙글빙글 춤을 춘다. 정신을 차려 보니 어느새 주위 나무들은 엷게 색조 화장을 하기 시작했고 맑은 가을하늘을 배경으로 화사하게 그 자태를 뽐내고 있다.

미국산딸나무의 단풍은 깊고도 차분한 광택을 내는데 숲속에서도 단연 눈에 띈다. 중후한 레드와인을 연상시키는, 자색에 가까운 차분한 붉은색은 매우 기품이 있으면서도 섹시하다.

최근에는 상징 나무나 가로수로도 인기가 높고 새둥지나무로 심는 경우도 많은데, 이곳 히비야공원(도쿄 치요다구)의 미국산딸나무처럼 몇 그루만 같이 심어도 운치 있는 경관을 만들 수 있다.

아름드리나무로 자라지도 않고 알아서 아름다운 정돈된 원추형 나무 모양으로 크기 때문에 가지치기는 가능한 한 하지 않는 게 좋다. 수분이 많은 나무라 가지치기에 약하기 때문에 모양이 망가지거나 썩기 쉽다. 이름에 물(미즈, みず)이란 단어가 들어가는 만큼(미국산딸나무는 일본어로 하나미즈키(花水木, はなみずき)) 미국산딸나무는 습윤한 토양

을 좋아한다. 특히 잎이 달릴 때에는 많은 수분을 필요로 한다. 하지만 그렇다고 해서 눅눅하고 어두운 장소는 금물이다. 미국산딸나무는 흰가루병(잎 표면에 하얀 가루를 뿌린 것 같은 곰팡이균과 분생자(分生子)가 생겨 잎을 마르게 하는 병) 등 곰팡이가 원인인 병이 발생하기 쉽다. 그 때에는 살충제가 아닌 살균제를 뿌려야 한다. 맑은 날에 살포하고 처리하는 게 좋다.

언제나 가장 중요한 것은 환경이다. 나무가 건강하게 자랄 수 있는 환경이라면 병에 대한 저항력도 저절로 갖춰지게 되어 있다. 통풍이 잘 되고 해가 잘 드는 좋은 장소에 심기를 바란다.

미국산딸나무는 꽃을 연상케 하는 하얀 꽃받침이 눈처럼 흐드러지게 핀 모습이 유명한 꽃나무다. 하지만 가을이 되면 또 분위기가 180도 바뀐다. 꽃이 밝은 빨간색 열매로 변하면서 마치 브로치같이 나무에 포인트를 더하면서 사랑스러운 인상을 준다.

그 열매는 작은 새들의 잔치음식이다. 동박새들이 계속해서 날아와 쪼아 먹는다. 벌써 겨울 채비가 시작되고 있는 것 같다.

〈구마모토일일신문〉 2008. 11. 28.

215

중후한 레드와인을 연상시키는 미국산딸나무의 단풍

좋은 향기로 깊이를 더하다

금목서와 은목서

216

좋은 향기로 깊이를 더하다

가지마다 오렌지색 꽃을 가득 단 금목서

가을이다. 하늘은 높고, 깨끗한 공기는 기분이 좋아지게 하고, 피부에 닿는 바람은 차가워지는 계절이 왔다. 나뭇잎에 단풍이 들기에는 아직은 빠른 이 시기에는 상쾌한 바람이 은은한 가을의 향기를 실어다 준다.

향기에 이끌려 길을 따라 천천히 걷다 보니 향기의 근원과 마주쳤다. 커다란 금목서와 은목서다. 신주쿠교엔(도쿄 신주쿠구, 시부야구)에 있는 이 나무는 가지를 많이 치지 않아 가지들이 시원스레 쭉쭉 뻗어 있고 그 가지 끝에는 작은 꽃이 빼곡하게 피어 그 자태를 뽐내고 있다. 울창하게 들어차 금색과 은색으로 반짝이는 나무줄기는 맑은 가을하늘을 한층 더 빛나게 해 준다.

사람들이 그 향기를 마음껏 즐길 수 있도록 정원에 심어져 있는 나무들은 우리의 몸과 마음에 휴식을 가져다주고 활기를 불어넣어 준다. 이것이야말로 나무들이 가지고 있는 가장 멋진 힘이다. 금목서의 향기는 많은 사람들이 친숙하게 느끼는 향기 중 하나지만 은목서의 향기는 비교적 잘 알려져 있지 않다. 하지만 은목서의 향기도 상당히 근사하다. 이곳에는 다른 두 종류의 나무가 길을 사이에 두고 심어져 있어, 그 색깔의 차이를 비교하면서 즐길 수 있다. 또한 그 사이에 서 있으면 금목서의 강렬한 향기 뒤로 은목서의 섬세하고 부드러운 향기가 더해져, 깊이 있고 조화로운 향기를 맡을 수 있다.

가지치기를 할 때는 바싹 깎아 다듬는 것보다 자연 그대로의 나무 모습을 살린 느낌으로 정리해야 한층 더 우아해 보인다. 다만 그 시기에는 주의가 필요하다. 꽃눈이 나올 즈음에 가지치기를 하면 아직 나오지 않은 꽃눈이 미리 잘릴 수도 있고 또 상록수는 추위에도 약하니 좀 더 기다리는 게 좋다. 꽃을 충분히 즐긴 후 추위를 피해 2월 말에서 3월에 걸쳐 진행하면 좋다.

두 그루의 나무 주위에는 도토리도 많이 떨어져 있었다. 소풍 온 어린아이들이 바구니 하나 가득 도토리를 담아들고는 귀여운 환호성을 지른다.

"맡아 보렴. 이 나무에서는 좋은 냄새가 난단다." 엄마가 작은 아이에게 말을 건넨다. 아이는 작은 몸을 한껏 펴고는 향기를 맡으려고 애를 쓴다.

〈구마모토일일신문〉 2008. 10. 24.

하야스름한 은목서의 꽃. 금목서와 비교해 좀 옅은 향기가 난다.

마음을 안심시키는 따스함

애기동백꽃이 피는 길

꽃이 드문 겨울, 사람의 마음을 안심시키며 따뜻한 기분을 느끼게 하는 애기동백꽃

"애기동백, 애기동백, 애기동백이 피는 길…"

설달이 되면 자연스레, 귀에 익숙한 이 노래가 머리에 떠오르는 사람이 많을 것이다.

단풍이 지고 황량한 겨울 풍경이 시작되면 애기동백꽃이 피기 시작한다. 차나무 사이로 얼굴을 내민 애기동백꽃은 꽃이 드문 계절에 사람의 마음을 안심시켜 준다. 따스한 온기가 느껴진다고 할까.

하지만 애기동백에는 차나무독나방이라는 해충이 낀다. 이 벌레는 털에 독이 있어 만지면 피부에 강한 염증을 일으킨다. 퇴치한 벌레의 털이 날아가 피해를 줄 가능성도 있다. 벌레의 사해나 허물에도 독성이 남아 있기 때문에 주의가 필요하다. 괴멸시키는 것은 어렵다. 바지런히 관찰해서 집단으로 발생하기 전에 약제를 살포하거나 잡아서 죽이는 수밖에 없다. 알은 일반적으로 5월 초순 즈음에 눈에 띄기 시작하므로 그 전에 노랗고 작은 알이 붙은 가지를 잘라 태우도록 한다. 유충은 6월 중순과 8월 초순, 연 2회 발생한다. 고착제가 함유된 살충제를 뿌리면 털이 날아다니는 것을 방지할 수 있다.

간단하게 손에 넣을 수 있는 시판 살충제도 있으니 가정에서도 구제 가능하다. 약이 잘 듣는 유충 초기에 퇴치하는 것이 중요하다.

가지치기는 꽃이 다 진 다음에 하도록 한다. 3월 초순에 하면 꽃눈을 남길 수 있다. 애기동백나무 울타리는 8월에 다시 한 번 다듬어 줘도 상관없지만, 바싹 깎지 말고 자연스러운 나무 모양을 유지하도록 다듬어야 풍취가 있다.

하지만 사실 이 나무는 자체적으로도 벌레에 저항하는 기술을 갖추고 있다. 차나무독나방이 잎을 갉아먹을 때 나오는 타액과 잎의 성분이 섞이면서 유충을 퇴치하는 잎벌을 부르는 유인 물질을 내보내는 것이다. 나무가 건강하면 벌레에 대한 저항력도 강하므로 피해는 최소한으로 끝날 수 있다.

가지가 서로 엉키지 않도록 통풍이 잘 되는 장소를 선택하고 새나 벌레를 먹이로 하는 동물이 찾아오기 쉽도록 뜰 전체의 균형을 잘 잡아 주는 환경을 만드는 것도 중요하다.

사실 '해충'이라는 말은 어디까지나 인간의 입장에서 만든 말이다. 차나무독나방의 입장에서 말하자면 애기동백꽃은 유일한 식재료일

<구마모토일일신문> 2008. 12. 26.

뿐이다. 살짝 불쌍하기도 하다.

요코하마 산케이엔(가나가와 요코하마시 나카구)에서는 폭신해 보이는 구름모양을 한 애기동백꽃이 동요와 잘 어울리는 작은 길을 만들고 있다. 그 길에 가면 나도 모르게 노래를 흥얼거리게 된다.

애기동백꽃이 그 姿態를 자랑하는 요코하마 산케이엔의 작은 길

빨간 열매에 마음이 녹아내리다

산수유

작고 사랑스러운 빨간 점으로 눈 덮인 하얀 풍경에 색을 입히고 있는 산수유나무
(모리오카성터공원, 국가 지정 역사유적)

일 때문에 방문한 이와테는 새하얀 은세계였다. 돌담이 남아 있는 모리오카성터공원(이와테 공원, 이와테 모리오카시)의 눈 덮인 하얀 풍경에 작고 사랑스러운 빨간 점이 색을 입히고 있다. 산수유다.

산수유는 이른 봄에는 막대불꽃놀이처럼 노랗고 작은 꽃을 잔뜩 피워 봄의 정취를 물씬 느끼게 해주고, 가을에는 쫄깃한 구미젤리 같은 빨간 열매를 맺는다. 원산지는 한국과 중국으로 규슈에서도 즐길 수 있는 꽃나무다.

몽글몽글 아련한 노란 꽃이 하나 가득 달린 꽃가지가 매력적인 산수유는 가지치기를 너무 심하게 하면 꽃눈이 달리지 않은 긴 가지를 내놓기 때문에, 가지치기는 1월에서 2월 사이에 너무 다닥다닥 붙어 있는 가지만 정리하는 정도로 가볍게 치는 게 좋다. 크기를 조정하려면 4~5년에 한 번씩 굵은 가지만 잘라도 무방하지만 꽃이 달린 가지를 잘 살리기 위해서는 햇빛을 충분히 받을 수 있도록 해 줘야 한다. 가지를 칠 때에는 가능한 한 바깥 싹(나무의 바깥 방향으로 자란 싹) 위에서 자른다. 그렇게 하면 가지가 바깥쪽으로 퍼져 나중에 나무모양을 정리하기가 쉬워진다. 꽃이 핀 다음부터 새싹이 나오기 직전까지가 가지치기 하기 적당한 시기다.

나무 자체의 성질이 매우 튼튼한 편이라 토질은 거의 가리지 않는다. 햇빛과 충분한 물을 주고 비료는 겨울에 깻묵 등 완행성 유기질(동식물질을 원료로 만든 유기질 거름으로 효과가 다소 늦게 나타나는 거름)인 것으로 주면 좋다. 나무를 옮겨 심을 때에는 부엽토를 섞어서 좀 높게 덮어 주면 안심이다.

적당한 땅에서 키우면 병충해도 거의 없다. 통풍이 안 좋으면 흰가루병(p214 참조) 같은 것이 발생하니 주의해야 한다. 혹시라도 그 병에 걸리면 약제를 뿌려 주면 된다.

구마모토나 도쿄에서 눈에 덮인 산수유를 이렇게 많이 보는 건 거의 불가능하다. 잎을 떨어뜨린 가지마다 눈이 쌓여 있는 모습은 나무의 섬세함을 극대화시킨다. 나는 넋을 잃고 그 모습을 바라봤다. 추위로 몸이 꽁꽁 얼어붙을 것 같았지만 등불을 켠 것 같은 산수유의 빨간 열매를 보는 순간 안도감으로 마음이 녹아내렸다.

처음 경험해 본 도호쿠의 겨울. 어쩌면 이곳은 이렇게나 추위가 혹독할까. 그렇기 때문에 다른 곳보다 훨씬 더 봄을 기다리는 마음이

<구마모토일일신문> 2009. 12. 25.

애틋하겠구나, 하는 마음이 저절로 든다.

눈 속에 등불을 밝히듯 달린 새빨간 열매

지금, 왜 나무의 힘(樹木力)을 말하는가?

나무의 힘

'나무'가 있으니까 살아갈 수 있습니다

'나무'는 우리 인간에게 절대 없어서는 안 되는 존재입니다.

모든 생물을 지탱하는 '생산자'로서 중요한 역할을 맡고 있기 때문입니다. 나무는
우리 인간 외에도 지구에 사는 모든 것들이 함께 지켜야 하는 공동재산입니다.

나무는 생태계의 중요한 '생산자'

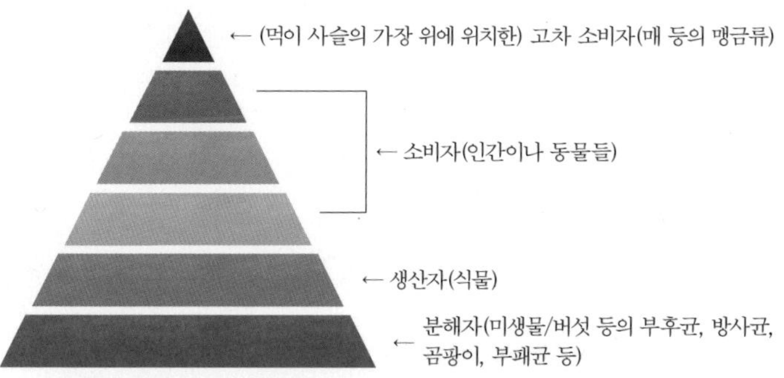

최근 들어 비오토프(biotope, 도심 속에 야생동물의 서식과 이동에 도움을 줄 수 있도록 인공
적으로 조성한 자연 환경이나 설치물) 등 자연의 순환까지 고려하는 정원이 등장하기
시작했습니다.

나무의 성장에 필요한 것

'빛, 물, 흙' 이 중에 하나라도 모자라면 문제가 생깁니다.

실천 實踐

나무의사라는 직업에 대하여

무엇을 가지고 갈 것인가

나무의사의 진단 도구 이모저모

"청진기를 사용하나요?"

내 직업에 대해 이야기할 때나 진단을 하러 갈 때 자주 듣는 질문 중 하나다.

"나무를 진찰하다니, 대체 어떻게 하는 건가요?"
"어디가 안 좋은지 뭘 보면 알 수 있나요?"
"애당초 나무에게 의사라니, 그런 직업이 있다는 게 정말인가요?"

질문은 끝도 없이 계속된다. 그도 그럴 것이 사실 나무의사를 하고 있는 나 자신마저도 내 직업이 참 신기할 때가 많다.
사실 조금만 신경을 쓴다면 나무가 건강한지 그렇지 않은지 분간하는 것은 어렵지 않다. 본격적인 진단 준비를 하지 않더라도 나무의 건강 상태 정도를 알아보는 것은 가능하다.
우선 사람들이 많이 질문하는 나무의사가 사용하는 일반적인 도구의 종류부터 소개해 보겠다.

앞에서 언급했던 그 '청진기' 이야기를 해 보자. 정말로 청진기를 사용할까?

자주 사용하는 것은 나무망치다.

사실 나무줄기 속을 이동하는 **물**은 1시간에 30cm 정도로 매우 느리게 움직이기 때문에 물이 흐르는 소리를 잡아낼 수는 없다. 다만 가지가 마찰하는 소리 등은 알 수 있다.

그럼 나무망치는 어디에 사용할까. 나무망치는 줄기에 동굴은 없는지, 목부(木部)가 약해진 곳은 없는지, **두드려서 확인**하기 위한 도구다.

동굴이 있으면 '북북' 이런 식으로 텅 빈 소리가 난다. 혹은 건강한 곳과 비교하면 두드릴 때의 감촉에 탄력이 없다든지 뭔가의 변화가 감지되기 때문에, 그런 변화로 동굴을 발견하는 것이다.

그리고 작업을 할 때에는 목장갑을 끼고 하는데, 되도록 얇으면서 튼튼한 것이 좋다. 나의 경우 진료 차트에 기입하거나 메모를 할

나무의사가 알려 주는
나무 상식

소리

나무망치로 두드려 보았을 때 좋은 소리는 '콩콩' '팍' 하는 느낌으로 목검 같은 비교적 높은 소리다. 이런 소리를 낸다면 건강한 것이다. 살아있는 나무이기 때문에 탄력도 느껴져야 좋다. 나쁜 소리는 '북북' 목탁과 같은 둔한 소리다. 이런 소리가 나면 건강하지 않은 것으로, 썩어 있는 경우도 많다.

때를 대비해, 장갑의 손가락 끝을 잘라서 펜을 쥐기 쉽게 만들어 놓는다.

진찰하는 장소는 거의 야외이기 때문에 **걷기 편한 신발**을 신고 **긴 소매 셔츠**를 입는 것이 기본이다.

그럼 이쯤에서 도구들을 소개하겠다.

나무의사의 다양한 진단 도구들

1. 카메라

나무 전체나 뿌리, 상처의 상태 등을 기록한다.

2. 필기구

'나무 진단 진료 차트'는 모두 135개의 항목으로 되어 있다. 나무의 상태를 되도록 상세하게 메모한다. 메모의 내용에 맞게 나무의 모습을 스케치를 해놓으면 금상첨화.

3. 콘벡스(convex, 강철 줄자)

줄기 둘레나 뿌리 주위, 상처의 크기 등을 측정하는 데 사용한다. 접이식으로 되어 있는 자도 같이 있으면 좋다.

4. 나무망치

줄기와 뿌리에 동굴이 없는지 두드려서 조사한다.

5. 뿌리 주변의 흙을 부수는 스콥(schop)

낫처럼 형태가 긴 것이 좋다. 삽으로 나무 주위를 돌아가며 파내면 오히려 불편하다. 뿌리 주변의 흙을 부수다 보면 뿌리 주위에 달라붙어 있는 버섯 등을 발견할 수도 있다. 흙을 다 부순 후에는 다시 묻는다(사진은 풀베기에 사용하는 낫).

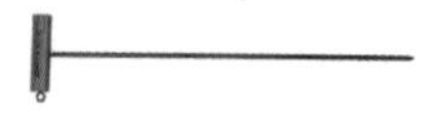

6. 강봉(鋼棒)

썩은 부분이나 나무뿌리를 찔러 피해가 어느 정도까지 진행되었는지 확인한다.

7. 칼과 전지가위

나이프와 가위. 썩은 부분 또는 나무껍질을 벗기거나 벌
레구멍 등을 조금씩 비집어 열거나 할 때 사용한다.

8. 쌍안경

큰 나무의 윗부분을 관찰할 때 있으면 편리하다.

9. 루페

작은 벌레나 곰팡이, 버섯 등을 자세하게 관찰할 때 있으
면 편리하다.

10. 토양경도계(야마나카식)

땅의 경도(딱딱한 정도)를 조사하는데 사용한다. 땅의
단면에 수직으로 꽂고 그 저항치를 읽어낸다. 딱딱할수
록 수치가 커진다.

11. 나침반

진단하는 나무의 동서남북을 확인하는데 사용한다. 줄기나 나뭇가지를 잘라 보아 나이테가 넓게 퍼져 있는 쪽이 남쪽이라는 설이 있는데 아무리 주장해 봐야 그건 미신이다. 토지의 형상이나 주위의 상황에 따라 나이테의 폭은 변하기 때문이다. 정확히 알기 위해서는 반드시 나침반을 사용해야 한다. 나무 전체나 뿌리, 상처의 상태 등을 기록하며 조사한다.

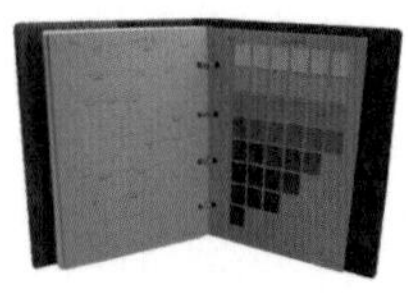

12. 토색첩(土色帖)

토양조사를 할 때 흙의 종류나 건강 정도를 판별하기 위해 사용한다. 부식이 많은 흙은 일반적으로 깊은 갈색을 띠고 있다. 산소가 적으면 회색이 된다.

나무의사가 알려 주는 나무 상식

청진기로 들어봐도 물소리는 들리지 않는다고?

뿌리에서 흡수한 물은 1시간에 약 30cm 씩 나무속을 이동하며 공기 중에서 서서히 증발하면서 흩어진다. 그렇기 때문에 이동 속도가 늦고 또 관속에 공기도 없어 물소리는 들리지 않는다.

이외에도 나무의사들이 고안한 여러 가지 도구를 사용하고 있다. 나의 경우에는 신장이 160cm 정도인데 보통 강봉은 허리에 차면 너무 길어서 걷기가 힘들기 때문에 짧게 만들어서 사용하고 있다. 낚싯대 끝에 그 길이를 알 수 있도록 봉을 달고 높은 곳은 더 길게 늘려 환부를 측정하는 사람도 있다. 하지만 언제나 가장 중요한 것은 '자신의 눈'이다. 최소한 항상 종이와 연필을 준비하고 다니며 스케치와 메모를 많이 해 두는 것이 좋다. 겉에서 보면 알아채기 힘든 것도 다른 증상과 관련이 있는 경우가 많기 때문에, 객관적인 현상을 자세하게 파악하는 것이 가장 중요하다. 그리고 진단 전에 는 선입견을 버리고 관찰력을 높이려는 마음가짐을 가져야 한다.

범인은 누구?

나무 진단은 프로파일링 그 자체

'프로파일링'이라는 수사방법을 연구하는 대학교수가 TV에 나온 걸 본 적이 있다.

보면서 나무 진단이랑 상당히 비슷하다는 생각을 했다.

인간의 건강진단이라면 증상을 본인이 어느 정도 자각하고 있고 검사방법도 굉장히 많아서 바로바로 상태가 나쁜 곳을 알 수 있지만 나무의 경우에는 그렇지 않다.

따라서 그 전에 무슨 일이 일어났는지 현장에 남겨진 위험 상황을 밝혀내는 것이 굉장히 중요하다. 범인의 흔적을 뒤쫓아 조금씩 그 범위를 좁히면서 원인에 다가가야 한다.

"이때까지는 건강했는데, 어느 날 갑자기 말라버렸다." 이런 말을 하며 작업을 의뢰하는 사람들이 굉장히 많다.

"원인을 잘 모르겠어요!" 이럴 때에는 대체 어디서부터 그 원인을 찾아야 할까?

그 요령을 몇 가지 소개하고자 한다. 지금부터 나무를 해치는 범인을 찾기 위한 '프로파일링' 방법을 공개하도록 하겠다.

1. 먹고 흔적을 남기는 '범인'

'범인'은 배고픈 상태로 나무에 다가온다. 엄청난 식욕으로 잎이나 줄기를 먹어치워 나무를 망가뜨린다. 먹고 난 다음에는 그것을 몸 밖으로 배출해야 하기 때문에 결국 똥으로 내보낼 수밖에 없다. 똥 또르르르. 하지만 범인은 자신의 이런 행위에 전혀 신경을 쓰지 않는다. 그보다 오히려 자신이 배출한 까맣고 동그란 입자가 보이면 그게 또 먹을거리인 줄 알고 다시 달려들 수도 있다. 아무튼 똥만큼 알기 쉬운 증거물도 없다.

그리고 이 범인은 자신이 열어 놓은 '문'을 닫는 일도 결코 없다. 나무에 문이 있을 리 없지만, '구멍'을 뚫고 들어가서는 청소도 안 한 채 점점 줄기 속으로 들어가 버린다. 그리고 그대로 '안녕'을 고하기 때문에 나무의 몸에는 작은 구멍이 나있고 또 구멍을 낼 때 생긴 나무 부스러기는 여기저기 흩어져 있다. 정말 뻔뻔스러운 범인이다.

2. '장난' 혹은 '메시지'?

앞에서 말한 '동그랗고 까만' 자신의 것을 떨어뜨리고 갔다면, 범인

하늘소가 플라타너스 나무껍질을 먹은 흔적

은 애벌레나 하늘소 종류다. 그 외에도 누가 이렇게 솜씨가 좋은
걸까? 하는 생각이 저절로 들 정도로 잎 한 장 한 장을 정성스럽게
말아놓고 가는 이도 있다. 자세히 보면 세상에! 아주 가는 실로 잎
을 세심하게 묶어 놓았다는 것을 알 수 있다. 이건 결코 한가한 인
간이 한 장난이 아니라, 안심하고 식사할 수 있도록 차잎나무나방
이 일부러 주방 공간을 만들어 놓은 흔적이다. 참 재밌는 모양이지
만 나무에게는 매우 곤란한 물건이다.

3. 사건의 흔적

겉으로 슬쩍 봐도 참혹하고 고통스러워 보이는 외양. 살아있는 껍
질을 벗겨낸 줄기의 맨살은 자줏빛으로 변색되어 있다. 버섯도 무
수히 달라붙어 있는 게 마치 공포영화에 나오는 좀비 같은 모습이
다. 처음에 봤을 때는 "으악! 이게 뭐야?" 하고 그만 소리를 질렀다.
게다가 이런 나무가 한두 그루가 아니다. 여기에 있는 한 무리의 나
무가 다 이렇게 껍질이 벗겨진 상태. 그것도 뿌리에서 가지까지 죽
연결되어 있어 어떤 나무를 봐도 같은 면이 일률적으로 피해를 입

차잎말이나방이 잎을 말고 있는 모습

은 모습이다. 어쩐지 어릴 적에 원자폭탄 자료관에서 본 완전히 불
에 탄 사람의 모습이 연상된다. 그 참혹한 모습에 맥이 탁 빠진다.
원인은 바로 불! 그렇다. 이것은 화상자국이다. 예전에 화재가 난
적이 있어서 불 때문에 주위 나무의 같은 면만 껍질이 벗겨진 것이
다. 그 뒤에 버섯이 생기고 부후가 진행된 것이다. 이 나무들 덕분
에 건물에는 불이 옮겨 붙지 않아 불길이 번지는 것을 막을 수 있
었다고 한다. 나무는 그런 훌륭한 일을 해내고도 자랑하는 일 하
나 없이, 고통스러운 모습으로 서 있을 뿐이다. 그러니까 우리는
그런 점들을 찾아내서 알아줘야만 한다.

4. 요괴가 '모래'를 끼얹었다?

"어? 원래 나무줄기가 이렇게 희끄무레 했었나? 꼭 무슨 가루를 뿌
려놓은 것 같네. 다른 티끌 같은 게 많이 묻긴 했지만 누가 모래를
끼얹은 거 아냐?"

하지만 이것은 모래요괴(砂かけ婆, 일본 신화에 나오는 '모래 할머니'라는 요괴로 신
사나 숲속 나무 위에 앉아 있다가 사람이 지나가면 나무 위에서 모래를 뿌려대며 사람을 놀

화재로 인해 나무껍질이 타버린 모습

라게 한다)가 모래를 뿌린 게 아니라, 수많은 개미들이 기어 다닌 흔적이다. 그것도 그럴 것이, 흙속에서 나온 개미가 몸에서 흙을 털어낸 다음 나무에 다가갈 리는 없지 않은가.

하지만 검은개미는 자신들은 흰개미와는 다르다고 항변하고 싶을 것 같으니, 검은개미 이야기를 좀 더 자세히 들어 보도록 하자. 그게 무슨 말이냐고? 흰개미는 나무를 먹고 때로는 살아 있는 부분도 먹어버리기 때문에 나무에게 굉장히 무서운 존재지만, 검은개미는 이미 썩은 부분을 먹을 뿐이고, 버섯균사도 먹기 때문에 오히려 나무가 썩어가는 속도를 늦춰 주기도 한다. 그러니까 흰개미와 함께 퇴치하면 안된다.

아무튼 '범인'은 이렇듯 당당하게 자신의 흔적을 남기므로 탐정처럼 증거를 모아 '범인의 몽타주'를 만든다. 하지만 혹시 물을 너무 많이 주었다든가 비료가 과했다든가 한 것이면 '범인'은 인간일 수도 있다는 사실을 기억하길!

1 '모래'를 발라 놓은 듯한
  뿌리
2 '모래' 흔적이 있는 줄기
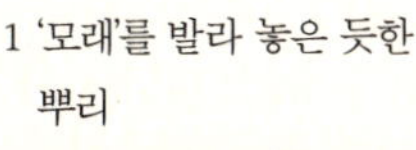

인간도 나무도 건강한 게 최고

건강하고 아름다운 나무

건강한 인간은 대부분 아름다운 사람이 많다.

왜냐하면 건강한 사람은 피부에 윤기도 흐르고 너무 마르지도 또 너무 뚱뚱하지도 않으면서 스타일도 좋으니까. 그런 사람은 아마 노련하게 스트레스를 피할 줄도 알고 기분 좋게 생활하며 균형 잡힌 식사를 할 것이다.

하지만 나무의 경우에는 건강을 위해 스스로 햇빛이 잘 드는 좋은 곳으로 이사를 가거나 기분 전환을 위해 여행을 떠날 수가 없으므로, 상태가 나빠지면 그 상태가 정직하게 온몸으로 나타나 버린다. 땅의 조건이 나빠지면 뿌리는 물론 가지나 줄기에도 그 증상이 나타나며, 상처를 입으면 열심히 그것을 회복시키기 위해 노력한다. 그리고 사람의 생활습관병처럼 그때그때 증상을 치료해도 다시 재발하는 병이 있어, 좀 더 근본적인 치료를 해야만 하는 경우도 있다. 사실 나무의 경우에는 스스로 병원에 가거나 환경을 바꿀 수 없기 때문에, 우리가 아주 조금만 손을 내밀어 도와줘도 상당히 기뻐한다.

자, 그럼 조금 더 나무에 가까이 다가가 볼까?

좋은 예

쑥쑥 가지를 뻗어 아름답게 자라고 있는 고이시카와식물원의 회화나무(도쿄 분쿄구)

1. '몸'을 마음껏 뻗고 싶다!

가지도 **뿌리**도 가능하면 건드리지 않고 자르지도 않고 놔뒀으면 하는 것이 나무의 솔직한 심정일 것이다. 하지만 그러려면 장소가 넓어야 하는 등 여러 가지 요건이 필요한데 도시에서는 곤란한 부분이 많다. 그러니까 도시에서 생활하자면 어쩔 수 없는 부분도 존재하는 것이 현실이다. 하지만 한쪽만 계속 잘려서 몸의 무게나 균형이 틀어지면 서 있는 것도 힘들어질 것이다. 만일 다리가 골절당한 경험이 있다면, 목발을 짚어야 하는 불편함을 떠올려 보면 좋을 것 같다.

2. '스트레스' 때문에?

조금 피곤하면 보통 때보다 머리카락이 많이 빠지는 것 같은 기분이 든다? 여러분은 이런 경험을 해본 적이 있는가?

그렇다. 나무도 탐스러운 머리카락을 유지하기 원한다. 정수리에만 **이파리**가 아주 조금 남아 있거나 잎이 너무 작고 그 수도 얼마 안 된다면 나무도 우리처럼 불안한 기분이 들지 않을까? 아마도 가지

나쁜 예
1 너무 가지치기를 심하게
반복해 나무의 형태가
망가진 애기동백
2 딱딱한 콘크리트에 갇힌
긴자의 은행나무 뿌리

가 마르기라도 하면 이미 제정신이 아닐 것이다.

피부가 거칠어져도 신경이 쓰이기 마련이다. 나무의 **줄기**에는 다양한 모양이 있어서, 각각 나름대로 아름답고 개성적인 모습을 뽐낸다. 그 나무 본래의 **피부**를 소중히 간직하게 해 주고 싶다.

3. 우리 집에도 폭신폭신한 양탄자가 깔려 있으면 좋겠다

딱딱하고 차가운 바닥을 보면서 굴러다니고 싶은 마음이 드는 사람은 없을 것이다. 나무도 부드러운 감촉을 매우 좋아한다. 나무들 세계에서는 **낙엽**이야말로 정말로 근사하고 폭신폭신한 '양탄자'다. 게다가 다양한 색깔에 디자인도 멋지고 작은 벌레들까지 많이 놀러와 준다. 낙엽이 잔뜩 떨어져 있는 땅은 함부로 들어와 마구 밟지만 말고, 한 번쯤은 나무와 함께 그냥 바라봐 주었으면 좋겠다.

4. 역시 빛이 잘 드는 곳이 최고야

'혹시 나도 광합성을 하는 게 아닐까?' 하는 생각이 때때로 들 정도로, 사실 인간도 햇빛을 받으면 건강해진다. 하물며 나무에게는

왕벚나무(소메이요시노)의 낙엽이 마치 양탄자 같다.

햇빛이 그대로 영양소가 되니까 어떤 비타민제보다도 효과가 좋다. 하지만 나무 중에서는 햇빛이 너무 눈부신 건 싫어하는 타입도 있으니 그런 경우는 가만 내버려 두길 바란다.

이렇게 이야기하다 보니 역시 사는 곳이나 생활 방식이 건강에 지대한 영향을 끼친다는 건 아무리 강조해도 지나치지 않다. 만일 진단한 나무의 상태가 좋지 않다면 주위 환경도 건강하지 않다는 증거인지도 모른다.

반대로 나무가 대단한 점은 그들이 생활하는 것만으로 오히려 주위환경을 건강하게 만든다는 점에 있다. 내가 그렇게까지 '건강한 사람'이 될 수 있을지 자신은 없지만, 우리 인간도 나무도 항상 '건강미인' 혹은 '건강하고 아름다운 나무'로 살 수 있었으면 좋겠다.

나무의사가 알려 주는 나무 상식

나무의 건강 상태

나무는 말은 하지 않지만 항상 분명한 메시지를 보내고 있다.

- 잎이 적다. → 일조량 부족, 질소 부족, 수분 과잉, 토양환경이 나쁘다, 가지치기를 너무 많이 했다.
- 잎이 녹은 것 같은 갈색을 띠고 있다. → 뿌리가 썩었을 가능성이 높다.
- 잎이 건조한 것 같은 갈색을 띠고 있다. → 수분 부족, 이미 가지 끝이 말라 있다.

- 새로운 잎, 새싹이 시들어 있다. → 진딧물이 잎액을 흡수하고 있다.
- 이끼가 자라고 있다. → 성장이 늦고 해가 잘 들지 않아서 생긴 것이므로 환경개선이 필요하다.
- 구멍이 뚫린 부분은 어떡하나? → 메우지 않는다! 건조시킨다.
- 뿌리나 줄기 중간에 싹이 나거나 그루터기에 움이 돋아 있다.
  → 부족한 당분을 만들기 위해 잎이나 가지 수를 늘리려고 나오는 것이다.
  그루터기에 난 움은 바로 자르지 말고 2년 후에 자르는 것이 좋다.

나무 진단을 위한 진료 차트

나무는 말은 할 수 없지만, 항상 확실한 메시지를
보냅니다. 그럼 나무의 건강상태를 알아보기 위해
주변에 있는 나무를 대상으로 실제로 진단을 해 볼까요?

1. 이 나무는 건강한가?

살펴보아야 할 점	건강도(점수)			
1. 나무 전체에 작은 가지나 잎이 많이 있는가? ____점	4점 나뭇가지나 잎이 무성하게 달려 있다	3점 나뭇가지나 잎이 그럭저럭 달려 있다.	2점 나뭇가지와 잎이 적다.	1점 나뭇가지가 거의 나지 않았다.
2. 나무 전체 줄기의 균형이 잘 잡혀 있는가? ____점	4점 전체적으로 균형이 매우 좋다.	3점 가지가 약간 한쪽으로 치우쳐 있다.	2점 가지가 상당히 한쪽으로 치우쳐 있다.	1점 가지가 극히 일부에만 조금 있다.
3. 시든 가지는 없는가? ____점	4점 시든 가지가 없다.	3점 아래쪽에 조금 있다.	2점 위쪽에 조금 있다.	1점 시든 가지가 많이 있다.

살펴보아야 할 점	건강도(점수)
4. 잘린 흔적은 없는가? ____점	4점 — 잘린 흔적이 없다. 3점 — 잘린 흔적이 조금 있다. 2점 — 잘린 흔적이 있다. 1점 — 잘린 흔적이 여러 번 있다.
5. 잎의 크기는? (줄기 중간이나 뿌리, 그루터기에서 난 잎은 제외) ____점	4점 — 모든 잎이 보통 크기거나 더 크다. 3점 — 약간 작은 잎이 조금 있다 2점 — 작은 잎이 위쪽 가지에 많다. 1점 — 잎이 전체적으로 작다.
6. 나무의 표면은 어떤 느낌인가? ____점	4점 — 표면에 상처도 없고 매우 생생한 느낌이다. 3점 — 표면이 약간 거칠다. 2점 — 상처가 있고 뭔가 이상이 있다. 1점 — 금이 가 있고 껍질이 벗겨져 있다.

살펴보아야 할 점	건강도(점수)

7.
굵은 나뭇가지나
줄기, 뿌리에서
작은 나뭇가지가
나 있는가?

(가지나 줄기,
뿌리에서 난 싹도
포함, 침엽수는
제외)

_____점

8.
굵은 줄기나
가지가
썩어 있는가?

_____점

1의 진단 결과

1~8 항목 점수의 합계 ＿＿＿＿＿점

전체적인 진단	침엽수이거나 낙엽시기에 진단	진단 결과
32~28점	28~25점	매우 건강합니다. 앞으로도 가끔씩 관찰하도록 합시다.
27~21점	24~17점	약간 병이 들었습니다.
20~12점	16~10점	병이 들어 있습니다.
11~5점	9~5점	심각한 병에 걸려 있습니다.

2. 나무의 병을 알려 주는 생물들

나무가 보내는 SOS를 들을 수 있게 해 주는 생물

덩굴이 나무에
얽혀 있다.

겨우살이(다른
나무에 기생하는
나무)가 나 있다.

버섯이 나 있다.

이끼가 나 있다.

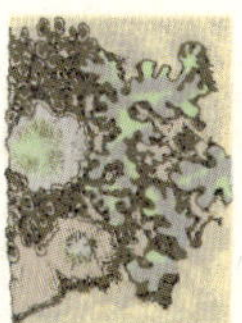 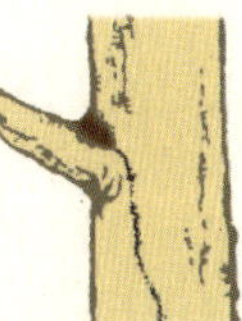 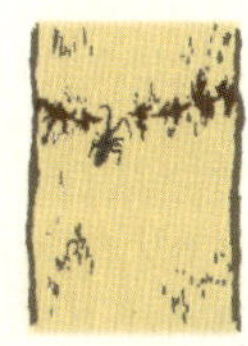 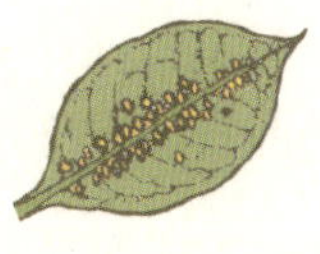

색이 있는 이끼 같은
것이 가지나 줄기에
끼어 있다.
(지의류, 균류(菌類)와
조류(藻類)가 복합체가
되어 생활하는 식물군)

개미가 줄기 속에
개미집을
만들어 놓았다.

하늘소 구멍이 있다.

진딧물이 있다.

---

3. 나무 주변의 모습

살펴보아야 할 점	건강도(점수)			
1. 가지를 마음껏 뻗을 장소가 있는가? ____점	4점 가지가 쑥쑥 뻗을 수 있는 넓은 장소에 심어져 있다.	3점 이웃 나무와 약간 붙어 있다.	2점 바로 옆에 나무나 건물로 둘러싸여 있다.	1점 주위 나무들에 둘러싸이듯 덮여 있다.
2. 뿌리를 마음껏 뻗을 장소가 있는가? ____점	4점 뿌리를 마음껏 뻗을 수 있다.	3점 가지가 뻗은 범위 정도까지는 뿌리도 뻗을 수 있다.	2점 나무 몇 그루가 나란히 심어져 있다.	1점 작은 화분 같은 장소에 심어져 있다.
3. 흙의 모습은? 낙엽은 있는가? ____점	4점 흙은 부드럽고 낙엽이 있다.	3점 낙엽은 조금 있지만 별로 폭신하진 않다.	2점 낙엽도 없고 땅은 깨끗하게 청소되어 있다.	1점 아스팔트로 포장되어 있는 땅이다.

살펴보아야 할 점	건강도(점수)			
4. 과거에 뿌리가 잘린 적이 있는가? _____점	 잘린 적 없다. *(4점)*	 약간 잘렸다. *(3점)*	 상당히 많이 잘렸다. *(2점)*	 새로운 건물 등이 사방에 있어서 뿌리가 거의 다 잘렸다. *(1점)*
5. 사람이 어느 정도 지나가는가? (너무 밟아서 땅이 단단해지지는 않았는가?) _____점	 사람이 거의 들어오지 않는다. *(4점)*	 사람들이 약간 들어온다. 가끔씩 밟는다. *(3점)*	 사람이나 자동차가 나무 주위를 가끔씩 밟고 지나간다. *(2점)*	 많은 사람들과 자동차가 나무 주위를 밟는다. *(1점)*
6. 햇볕은 잘 들어오는가? _____점	 잘 들어온다. *(4점)*	 조금 가려져 있다. *(3점)*	 대부분 그늘져 있다. *(2점)*	 전혀 해가 들지 않는다. *(1점)*

3의 진단 결과

1~6 항목 점수의 합계 ______점

진단	진단 결과
24~20점	나무가 건강하게 자랄 수 있는 좋은 장소입니다.
19~15점	좋은 장소이지만 약간 문제가 있습니다. 주의해서 살펴봅시다.
14~11점	좋은 장소가 아닙니다. 나무가 병들기 쉽습니다.
10점	이곳은 나무가 건강하게 자랄 수 없는 곳입니다.

정원 만들기, 이것만은 알고 시작하자

실외장식(exterior)이란 나무라는 생물을 취급하는 디자인입니다.

나무를 이용한 디자인은 좋은 점이 아주 많습니다. 나무는 생장하기 때문에 해마다 더 좋아집니다. 시간을 디자인할 수 있으며, 커뮤니케이션 상대를 디자인할 수 있습니다. 무엇보다 생물 모두를 포함한 생태계를 생각하는 디자인입니다.

좋은 디자인이란 나무(식물)의 생리생태를 잘 알고 그 점을 잘 살리는 것을 통해 실현될 수 있습니다. 자신만의 정원을 만들 때 알아 두어야 할 몇 가지를 정리해 보도록 하겠습니다.

1. 나무심기 계획의 기본

큰 나무로 자라는 나무는 좁은 곳에 심지 않는다.	· 설계 단계에서 주의 · 심는 장소 확보 · 건축 설비팀과 상담이 가능하다면 그것이 최선!
일조의 성질을 잘 알아 둔다.	· 그늘을 좋아하는 나무라 해도 빛은 필요하다. · 낙엽수는 집 옆에 심는다. · 일조량의 불균형은 꽃이 피지 않는 원인이 된다.
토양의 성질을 파악한다.	· 화학성보다 물리성에 집중한다. · 완행성 비료를 활용한다. · 토양미생물의 거처를 만든다.

2. 큰 나무로 자라는 나무

· 느티나무　　· 녹나무　　· 벚나무(소메이요시노)

· 은행나무　　· 계수나무　　· 물푸레나무

· 미모사

· 코니파류도 지나치게 커져서 곤란해 하는 사람이 많다. 코니파류는 침엽수의 총칭으로
　일반적으로는 외래종을 중심으로 한 원예용 품종을 가리킬 때가 많다.
· 게다가 침엽수는 가지치기가 어렵고 관리하기도 힘들다.
· 벚나무 종류는 품종이 매우 많으니 소메이요시노 이외의 것을 추천한다.
· 나무 이름이 그 과의 이름 그대로인 경우 예측하기가 쉽다.

3. 정원수로 적합한 나무

낙엽 : 갈색
상록 : 초록색

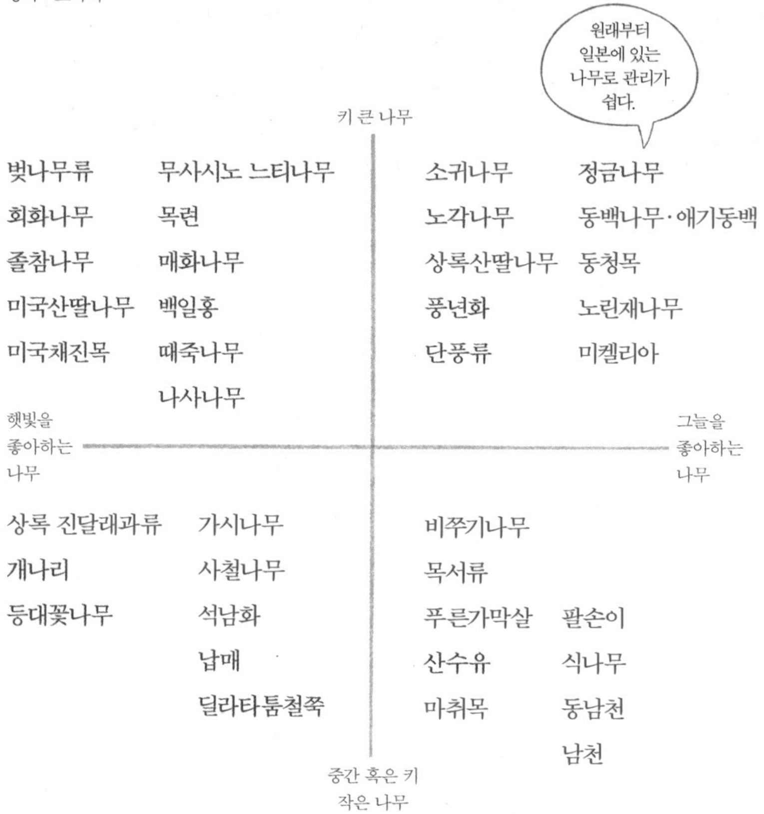

4. 사계절을 즐기는 정원

낙엽 : 갈색
상록 : 초록색

예	봄	여름	가을	겨울
키 큰 나무	목련			
	매화나무	노각나무	단풍나무	동백나무
	참벚나무	백일홍		납매
			목서류	
	나사나무	병솔나무		모과나무
	정금나무		애기동백	
키 작은 나무·초화(草花)류	마취목	개나리	부들레야	싸리	크리스마스로즈
	조장나무 진달래과	베고니아		
	조팝나무	수국	작살나무	국화과
				기타 관상목 등

269

정원

'파이프' '대나무숯'을 땅에 묻는 것만으로도 토양이 개량된
다. 세로로 구멍을 뚫는 것만으로도 효과가 있다.

5. 모델 정원

6. 가정에서 하는 나무 관리 포인트

· 물을 너무 주지 말고, 잎 전체에 뿌려 준다.

  여름에는 저녁에, 겨울에는 오전 중에 주는 게 좋다

· 비료는 효과가 느리게 나타나는 완행성 비료가 좋다.

  퇴비 등은 잘 숙성된 것으로 준다.

· 기본적으로 비료를 그다지 많이 주지 않아도 된다.

  꽃이 피고 진 후에 주면 좋다.

· 가지치기는 하지 않을수록 좋다.

- 심고 나서 3개월 정도 후에 뿌리가 제대로 내렸는지 확인한다.
- 잎의 양, 색, 크기 등을 확인한다.
- 묘목 중에는 꽃이 피지 않는 것도 있다.

"오카야마 씨, 책 한번 써 보지 않을래요?"

어느 날 내가 존경하는, 삼림을 조성하는 일에 종사하시는 선생님이 갑자기 이런 말씀을 하셨습니다.

"책이요? 저도 물론 가능하면 만들어 보고 싶긴 하지만…."

그때부터 생각이 시작되었습니다. 나같이 미숙한 사람이 책을 쓸 수 있을까? 의구심이 들었지만 해 보고 싶었습니다. 그러다 '그래, 해 보는 거야!' 이렇게 당돌한 생각으로 책 구상에 들어갔지요.

내가 책을 만든다면 어차피 난 무슨 훌륭한 교수도 아니고, 나니까 만들 수 있는 책을 만들면 되지. 대강 이런 콘셉트였습니다. 알아듣기 쉽고 친숙하고 여자가 좋아할 것 같은 귀여운 느낌으로 만들면 좋겠어, 이런 식으로 말이죠. 시행착오를 반복하는 사이에 석간 〈구마모토일일신문〉에 '나무들의 중얼거림'이라는 칼럼명으로 연재도 하게 되었습니다. 약 2년 동안의 연재가 끝나면서 그 원고에 맞춰 에세이집을 만들었습니다. 나무에 대해 사람들이 좀 더 알았으면 좋겠다는 마음 하나로 열심히 책을 만들다 보니, 강연회 같은 자리에서 자주 말하는 나무 손질법이나 도움이 되는 정보도 포함시킨 제법 재미있는 내용으로 구성되었습니다. 사진을 제공해

주신 분 등, 이 책은 많은 분들의 도움을 받았습니다. 조용히 뒤에서 응원해 준 친구들은 말할 것도 없습니다. 너무 많아 일일이 이름을 언급할 수 없을 정도입니다. 다시 한 번 정말 많은 분들의 도움을 받았구나, 실감하고 있습니다. 정말로 감사드립니다.

출판 상담을 해주신 모교 선배이자 구마모토 정보문화센터 부장인 우에노 겐지 씨. 아무것도 모르는 나를 지도하고 이끌어 주시고 도와주신 사카노 다카코 씨와 출판부 여러분들, 디자이너 나카가와 데쓰코 씨, 세밀한 부분까지 신경 써 주셔서 정말 고맙습니다. 나무 진단 진료 차트 일러스트를 그려주신 우에모 미키 양도 정말 고마워요. 그리고 제목에 대한 힌트를 주신 KK베스트셀러즈의 오가사와라 도요키 님, 문장 지도 정말 감사했습니다. (주)싱크뱅크 님, 판매 분야 지원 정말 마음 든든했습니다. 그리고 마지막으로 제가 나무의사가 될 때까지 따뜻하면서도 엄한 눈길로 지켜봐 주신 아버지께 마음속 깊이 감사를 전하고 싶습니다.

제 아들이 성인이 되었을 때에는 지금보다 좀 더 초록이 무성한 미래가 펼쳐졌으면 좋겠습니다. 아이들에게 그런 미래를 선물하는 것이 앞으로의 제 목표입니다.

참고문헌

《나무의사 완전 매뉴얼(樹木医完全マニュアル)》, 호리 다이사이(마키노출판)

《나무의 보디랭귀지 입문(樹木のボディーランゲージ入門)》, 클라우스 마테크,
호리 다이사이·미토 구미코 옮김(가로수진단협회)

《도해·나무의 진단과 처치-나무를 진찰하다·나무를 읽다·나무와 말하다
(図解·樹木の診断と手当て—木を診る·木を読む·木と語る)》, 호리 다이사이·이와타니 미나에
(농산어촌문화협회)

《현대 수목의학 요약편(現代の樹木医学 要約版)》, 알렉스 L. 샤이고,
일본나무의사회 옮김·편집(일본나무의사회)

《나무에 관한 100가지 오해(樹木に関する100の誤解)》, 알렉스 L. 샤이고(재단법인 일본녹화센터)

《균류의 신기한 형태와 활동의 경이로운 다양성(菌類のふしぎ—形とはたらきの驚異の多様性)》,
국립과학박물관 편(도카이대학출판사)

《그림으로 보는, 살아 있는 흙의 세계(絵とき 生きている土の世界)》,
마쓰오 요시로·오쿠조노 도시코(농산어촌문화협회)

《나무의사가 되어 보자!(木のお医師さんになってみよう) - 나무의 미니 진단 카르테
(木のミニ診断カルテ)와 그 해설서》(일본나무의사회)

《신장판 수목근계 대도감해설(新装版 樹木根系大図説)》, 가리즈미 노보루(세이분도 신코샤)

《녹화수목부후병해 핸드북(緑化樹木腐朽病害ハンドブック)》,
골퍼녹화촉진협력회 편(재단법인 일본녹화센터)

《최신 수목의 길잡이·개정3판(最新 樹木医の手引き 改訂3版)》(재단법인 일본녹화센터)

《꽃원예대백과(花の園芸大百科)》, 가미야 요시노리(주부와생활사)

《센스 오브 원더(センス·オブ·ワンダー)》, 레이첼 카슨, 가미토 게이코 옮김(신초샤)

《다카모리초 문화재자료집(高森町文化財資料集)》, 다카모리초 문화재 보호위원회 편집
(구마모토현 다카모리초 교육위원회)

《살아서 죽는 지혜(生きて死ぬ智慧)》, 야나기사와 게이코(쇼각칸)

사진촬영·협력

이시카와 게이고, 가와가미 타쿠로, 고다마 히로오야마 히로유키
(후쿠오카현 후쿠오카시 죠난구 쓰쓰미 단지 4-207), anb64399@nifty.com

제공·협력

나무 진단 진료 차트 사용 협력 : NPO법인 수목생태연구회 이와타니 미나에
나무 진단 진료 차트·일러스트 : 우에노 미키
사진 제공 : 구마모토시 현대미술관

도움을 주신 분들

미나미아 소무라, 하야마 다이지, 다마나시 가나모리 사치코,
나가타 요시로 덴스이마치·쿠사마쿠라교류회,
구마모토현 아소군·다카모리초 다카모리초교육위원회,
독립행정법인 삼림종합연구소, 삼림곤충연구영역 곤충표본준비실
농학박사 요시타케 다카시, 〈구마모토일일신문〉사 기자 이무라 나오아키

나무를 진찰하는 여자의 속삭임
오카야마 미즈호 지음 · 염혜은 옮김

1판1쇄	펴낸날 2013년 8월 30일

펴낸이	이영혜
펴낸곳	디자인하우스
	서울시 중구 동호로 310 태광빌딩
	우편번호 100-855 중앙우체국 사서함 2532
대표전화	(02) 2275-6151
영업부직통	(02) 2263-6900
팩시밀리	(02) 2275-7884, 7885
홈페이지	www.design.co.kr
등록	1977년 8월 19일, 제2-208호

편집장	김은주
편집팀	장다운, 공혜진
디자인팀	김희정, 김지혜
마케팅팀	도경의
영업부	김용균, 오혜란, 고은영
제작부	이성훈, 민나영, 박상민

기획 · 편집	전은정
표지 일러스트	김지혜
출력 · 인쇄	중앙문화인쇄

KI WO MIRU ONNA NO TSUBUYAKI

by Okayama Mizuho Copyright ⓒ 2011 by Okayama Mizuho All rights reserved.

Originally published in Japan by Kumanichi Service Kaihatsu Company Limited

Korean translation rights arranged with Kumanichi Service Kaihatsu Company Limited

through Bestun Korea Agency

Korean translation rights ⓒ 2013 Design House Inc.

이 책의 한국어판 저작권은 베스툰코리아 에이전시를 통해 일본 저작권자와 독점 계약한 '디자인하우스'에 있습니다. 저작권법에 의해 한국 내에서 보호를 받는 저작물이므로 무단전재나 복제, 광전자 매체 수록 등을 금합니다. (주)디자인하우스는 김영철 변호사 · 변리사(법무법인 케이씨엘)의 법률 자문을 받고 있습니다.

ISBN 978-89-7041-608-3

가격 15,000원